风积沙混凝土柱
地震损伤试验研究

王尧鸿　著

中国水利水电出版社
www.waterpub.com.cn
·北京·

内 容 提 要

本书通过一系列风积沙混凝土柱试件的低周反复荷载试验和风积沙混凝土材料力学性能的试验研究,分析了风积沙的掺入对混凝土基本力学性能的作用机理,揭示了不同风积沙取代率、内置型钢和外包钢管的构造措施以及钢纤维和玄武岩纤维的掺入对风积沙混凝土柱地震损伤性能的影响规律,并建立了部分试件的地震损伤模型。

本书旨在为风积沙混凝土的工程应用提供科学依据,具有一定的实践指导价值,可供相关领域设计、施工、咨询方面的工作人员参考,也可作为相关专业学生的学习用书。

图书在版编目(CIP)数据

风积沙混凝土柱地震损伤试验研究 / 王尧鸿著. --
北京 : 中国水利水电出版社,2020.10
ISBN 978-7-5170-8977-3

Ⅰ. ①风… Ⅱ. ①王… Ⅲ. ①沙漠带－钢筋混凝土柱
－地震反应分析－试验研究 Ⅳ. ①TU375.302

中国版本图书馆CIP数据核字(2020)第207083号

书　　名	**风积沙混凝土柱地震损伤试验研究** FENGJISHA HUNNINGTUZHU DIZHEN SUNSHANG SHIYAN YANJIU	
作　　者	王尧鸿　著	
出版发行	中国水利水电出版社 (北京市海淀区玉渊潭南路 1 号 D 座　100038) 网址:www. waterpub. com. cn E - mail:sales@waterpub. com. cn 电话:(010) 68367658 (营销中心)	
经　　售	北京科水图书销售中心 (零售) 电话:(010) 88383994、63202643、68545874 全国各地新华书店和相关出版物销售网点	
排　　版	中国水利水电出版社微机排版中心	
印　　刷	北京瑞斯通印务发展有限公司	
规　　格	184mm×260mm　16 开本　11.25 印张　274 千字	
版　　次	2020 年 10 月第 1 版　2020 年 10 月第 1 次印刷	
定　　价	**68.00 元**	

凡购买我社图书,如有缺页、倒页、脱页的,本社营销中心负责调换

前言
PREFACE

近年来，荒漠化和沙化已成为我国最为严重的生态问题之一。不断扩张的沙漠导致大量有生产能力的土地消失，很多生活在干旱、半干旱地区广阔沙漠边缘的人们，正面临着因为环境变化而流离失所的困境。与此同时，我国正处于土木工程基础设施大规模建设阶段，水泥基混凝土因其性能优越而被作为最主要的建筑材料。随着混凝土使用量逐年增加，混凝土原料资源匮乏成为一个非常严肃的问题。我国中、粗砂资源分布严重不均，中、粗砂资源无论从储量、成本还是从可持续发展的角度来看，都已越来越难以满足当代建设规模的需要。天然砂的过度开采，会使农田、河道遭受严重破坏。如果采用人工砂来替代天然砂，在其生产过程中仍然会对环境造成影响。

在上述形势下，如果能"因地制宜、就地取材"，合理开发并有效利用我国中西部干旱、半干旱地区的风积沙资源，将其大量应用于实际工程中，不仅可以减少荒漠化损失、促进人与自然的和谐发展，还可以节约资源、减少工程用砂的采集与运输成本、降低工程造价，具有显著的社会效益和经济效益。随着我国"一带一路"国家战略实施，越来越多具有战略意义和关系国计民生的基础设施将建设在沙漠腹地，风积沙资源的科学化工程利用已成为目前亟待解决的问题。

本书为推动风积沙资源在土木工程中得以科学、广泛地利用，将风积沙混凝土框架柱作为研究对象，通过一系列风积沙混凝土柱试件的低周反复荷载试验研究和风积沙混凝土材料力学性能的试验研究，分析了风积沙的掺入对混凝土基本力学性能的作用机理，揭示了不同风积沙取代率、内置型钢和外包钢管的构造措施以及钢纤维和玄武岩纤维的掺入对风积沙混凝土柱地震损伤性能的影响规律，并建立了部分试件的地震损伤模型。

本书由内蒙古工业大学土木工程学院王尧鸿编写，经费由国家自然科学基金项目（批准号：51868059）资助。在本书编写过程中，内蒙古工业大学土木工程学院韩青副教授、姜丽云副教授、杨晓明副教授对部分章节的内容提出了宝贵意见，研究生楚奇、张泽平、马小彦、王延鹏、王荷燕、赵蒙、霍光宗、祁锦参与了对试验数据的整理、分析工作，在此一并表示感谢！

由于作者水平有限，书中难免有不当之处，敬请读者批评指正。

作者

2020 年 4 月于内蒙古工业大学土木馆

第1章 绪 论

1.1 荒漠化的威胁

1.1.1 全球的荒漠化形势

在人类面临的诸多环境问题中，荒漠化是最为严重的灾害之一。

土地荒漠化简单地说就是指土地退化，也称为"沙漠化"。联合国环境与发展大会曾经对荒漠化的概念作了这样的定义：荒漠化是由于气候变化和人类不合理的经济活动等因素，使干旱、半干旱和具有干旱灾害的半湿润地区的土地发生退化。也就是说由于大风吹蚀、流水侵蚀、土壤盐渍化等造成的土壤生产力下降或丧失，都称为荒漠化。

2019 年 9 月 2 日，《联合国防治荒漠化公约》第十四次缔约方大会在印度首都新德里召开，近两周的会议重点探讨了土地退化和沙漠化问题。在开幕式上，《联合国防治荒漠化公约》执行秘书易卜拉欣·蒂奥指出，人类活动导致的土地退化威胁着全球约 32 亿人的生计。此外根据联合国环境规划署的估算，全球有 1/4 的土地受到荒漠化的威胁，面积相当于俄罗斯、加拿大、中国和美国国土面积的总和。全球每年由于土地荒漠化和土地退化造成的经济损失达到 420 亿美元。尽管各国人民都在进行着同荒漠化的抗争，但荒漠化却以每年 5 万～7 万 km² 的速度扩大。对于受荒漠化威胁的人们来说，荒漠化意味着他们将失去最基本的生存基础——有生产能力的土地的消失，荒漠化造成的每年消失的土地可生产 2000 万 t 的粮食[1-3]。

干旱可以触发荒漠化，但是人类自身诸如过度耕种、过度放牧、毁坏森林、灌溉不力等活动通常是主要的诱因。荒漠化不再是一个单纯的生态环境问题，已经演变为经济问题和社会问题，它给人类带来贫困和社会不稳定。荒漠化和贫困相互加重，形成恶性循环。贫穷导致短期内对土地和自然资源更不合理的利用和开采；同时，荒漠化威胁食物生产、影响生物多样性、影响政治稳定、导致移民等，又引发和加重了贫困。

1.1.2 中国的荒漠化形势

我国荒漠化形势十分严峻，已成为世界上受到"荒漠化"危害最严重的国家之一。根据国家林业局 2015 年公布的数据，我国荒漠化土地面积约 261.16 万 km²，沙化土地面积 172.12 万 km²。荒漠化和沙化已成为我国最为严重的生态问题。随着沙漠的不断扩张，许多村庄都已消失。目前，"沙漠化"已经严重影响到我国广大的干旱、半干旱地区，尤其是内蒙古、宁夏、甘肃、新疆、青海等中西部地区。在这些地区，祖祖辈辈生活在广阔沙漠边缘的人们，正面临着因为环境变化而流离失所的困境，成为环境难民[4]。

我国分布有众多的沙漠和沙地，其中著名的八大沙漠和四大沙地，包括塔克拉玛干沙漠、古尔班通古特沙漠、巴丹吉林沙漠、腾格里沙漠、柴达木沙漠、库姆达格沙漠、乌兰布和沙漠、库布齐沙漠、科尔沁沙地、毛乌素沙地、浑善达克沙地、呼伦贝尔沙地。目前我国沙漠、沙地、沙漠戈壁的总面积已占国土面积的 10% 以上。这些沙漠和沙地主要分布在我国北方干旱、半干旱地区的辽宁、吉林、黑龙江、新疆、西藏、甘肃、青海、宁夏、陕西、内蒙古、山西、河北等 12 个省（自治区）[5-7]。

我国风蚀荒漠化土地主要分布在干旱、半干旱地区，在各类型荒漠化土地中是面积最大、分布最广的一种。其中，干旱地区约有 87.6 万 km²，大体分布在内蒙古狼山以西，腾格里沙漠和龙首山以北包括河西走廊以北、柴达木盆地及其以北、以西到西藏北部。半干旱地区约有 49.2 万 km²，大体分布在内蒙古狼山以东向南，穿杭锦后旗、橙口县、乌海市，然后向西纵贯河西走廊的中部—东部直到肃北蒙古族自治县，呈连续大片分布。亚湿润干旱地区约 23.9 万 km²，主要分布在毛乌素沙漠东部至内蒙古东部范围[8-10]。

土地的沙化给大风起沙创造了条件，导致中国北方地区经常发生沙尘暴甚至强沙尘暴。1993 年 5 月 5 日新疆、甘肃、宁夏先后发生强沙尘暴，造成 116 人死亡或失踪，264 人受伤，损失牲畜几万头，农作物受灾面积 33.7 万 hm²，直接经济损失 5.4 亿元。1998 年 4 月 15—21 日，自西向东发生了一场席卷我国干旱、半干旱和亚湿润干旱地区的强沙尘暴，途经新疆、甘肃、宁夏、陕西、内蒙古、河北和山西西部。当年 4 月 16 日飘浮在高空的尘土在京津和长江下游以北地区沉降，形成大面积浮尘天气。其中北京、济南等地因浮尘与降雨云系相遇，于是"泥雨"从天而降。宁夏银川因连续下沙子，飞机停飞，人们连呼吸都觉得困难。

荒凉的沙漠和丰腴的草原之间并没有不可逾越的界线。有了水，沙漠上可以长起茂盛的植物，成为生机盎然的绿洲；而绿地如果没有了水和植物，也可以很快退化为一片砂砾。而人们为了获得更多的食物，不管气候、土地条件如何，随便开荒种地、过度放牧；为了解决燃料问题，不管后果如何，肆意砍树割草。干旱和半干旱地区本来就缺水多风，现在土地被踩踏、植被遭破坏，降水量更少了，风却更大更多了，大风强劲地侵蚀表土，沙子越来越多，慢慢地沙丘发育。这就使得可耕牧的土地变成了不宜放牧和耕种的沙漠化土地。土地沙化是环境退化的标志，是环境不稳定的正反馈过程。如不采取根本措施，土地风蚀沙化过程不仅不会自动停止，反而会加剧发展。

1.2　关于荒漠化治理措施的思考

1.2.1　传统治理措施

经过近半个世纪的研究和实践，我国在沙漠化防治方面曾采取过的措施很多，大致可以归纳为以下几个方面。

1.2.1.1　植物治理

一方面可以采取退耕还植治理沙漠化的措施，该措施是基于控制土壤风蚀的原理提出的。各地沙漠化治理的具体做法不尽相同，在沙漠化发生发展比较严重的农耕地区，基本上都是采取把部分已经沙漠化的耕地退还为林地和草地的方法，以达到沙漠化土地恢复的目的。另一方面，可以在沙漠地区播种沙生植物，以阻止沙漠扩张及改善沙漠土地。沙生植物具有水分蒸腾少，机械组织、输导组织发达等特点，可抵抗狂风袭击，并尽快将水分和养料输送到亟须的器官，其细胞内经常保持较高的渗透压，具有很强的持续吸水能力，使植物不易失水，能够适应干旱少雨的环境。其治理的方法：在沙漠地区有计划地栽培沙生植物，造固沙林；在沙漠边缘地带造防风林，以削弱沙漠地区的风力，阻止沙漠扩张[11-12]。

1.2.1.2 围栏封育

在草原地区由于牲畜压力过大、过度放牧造成土地沙漠化。因此，沙漠化的治理通常采用"围栏封育"的措施，即把草场划分成若干小区，建设"草库伦"，实行轮牧，使围起来的草地因牲畜压力的减轻或消逝而自然恢复。沙漠化过程的自我逆转能力决定了在沙漠化发展进程中，如果消除人类活动的外界干扰，沙漠化过程就具有了逐渐终止的特性。沙漠化过程的自我逆转能力取决于沙漠化过程发展程度和沙漠化过程发生地区的自然环境特点[13-14]。

1.2.1.3 机械工程措施、化学固沙措施等

机械工程措施主要包括沙障固沙和机械阻沙，最大的优点是收效快和耗水低，多数工程都持久耐用。化学固沙措施主要包括利用喷洒沥青乳油、土壤固沙剂等高分子材料固沙，利用固沙剂来改变土壤结构，使沙粒固结在一起，形成一层抗风蚀的膜或壳，隔断风力对沙面的直接作用[15-16]。

自20世纪70年代以来，中国政府累计投入数千亿元人民币，相继启动了三北防护林体系建设、京津风沙源治理、退耕还林、退牧还草、水土流失综合治理等重点生态工程，对沙化重大地区进行集中治理。

我国沙漠化最为严重的地区大多分布在西北农牧交错地带，这里多为旱作农业，其农业产量受气候波动的影响较大，粮食产量和降水量之间存在着较密切的关系。人口压力过大造成的土地沙漠化，实质上是由于人口的过快增长与农业技术和土地承载力相对滞后的矛盾所造成的，是生态环境的脆弱地带，是经济和技术落后的必然产物。人口压力的关键在人口与当地土地承载能力的对比关系上，因此，与当地农业经济技术的发展水平有着密切的关系。我国沙漠化地区，目前大多仍以传统农业为主，生产技术落后，仍维持着广种薄收和只种不养的掠夺式经营方式。这就造成了沙漠化地区的生态系统内物质代谢循环的失调，破坏了生态平衡，从而引起沙漠化的发生和恶化。

目前不少学者认为治理沙漠化的关键是要从导致沙漠化的根本原因入手，突破技术层面的限制，从经济学、生态学和沙漠学相结合的角度，把沙漠化治理与农村经济的发展有机结合起来。目前特别是要与农业经济的发展有效结合起来，通过施用高新技术、改造生产要素条件来提高粮食单位面积产量；通过产业重组、提高技术含量，走农业产业化发展道路。改善农村经济状况，提高农民的经济收入，就可以使沙漠化土地的承载力发生跃迁，从而消除沙漠化产生的根源，使沙漠化土地得以整体逆转[17-19]。

1.2.2 沙漠资源化视角

我国著名科学家钱学森提出，要在治理沙漠化的过程中更为积极的"用沙"和"治沙"，甚至将沙漠风积沙作为原材料发展成一系列的"沙产业"，将是我们征服沙漠、利用

自然的方向。早在 20 世纪 80 年代，钱学森就认为"沙漠是资源"，提出创建"利用阳光、通过生物、延伸链条、依靠科技、对接市场"的沙产业。他提出在沙漠戈壁"不毛之地"利用现代科学技术，包括物理、化学、生物等科学技术的成就，通过植物的光合作用，固定转化太阳能，发展知识密集的农业型产业，在我国大约和农田面积差不多的 16 亿亩的戈壁和沙漠化的土地上"为国家提供上千亿元的产值"，在占全世界陆地面积 1/3 的干旱荒漠区"为人类开拓新的食品来源"。沙漠开发利用的潜力巨大，并且已有许多开发的成功经验和失败教训可供借鉴。内蒙古、新疆等地在"沙产业理论"指导下，利用沙漠资源创造了良好的经济效益。实践证明，钱学森首倡的知识密集型沙产业理论，是内涵丰富、思维独特和综合集成的沙漠开发利用战略构架，也符合中西部干旱、半干旱地区自然规律、生态规律和经济规律的发展观念[20-21]。

受钱学森沙漠资源化视角的启发，对于土木工程行业而言，如果能合理开发并有效利用我国中西部干旱、半干旱地区的风积沙资源（风积沙是被风吹、积淀的沙层，多见于沙漠、戈壁），将其大量应用于这些地区的实际工程建设中，对于统筹区域协调发展和人与自然的和谐发展，构建环境友好型社会无疑具有重要的理论和实践意义。

1.3　我国工程用砂的现状与问题

现阶段我国正处于土木工程基础设施大规模建设阶段，水泥基混凝土因其性能优越而被作为最主要的建筑材料。混凝土是一种由胶凝材料水泥、砂子、石子、水组成的多相复合材料，具有较高的抗压强度，良好的可加工性（可加工成各种形状），较好的防火性能和抵抗环境侵蚀性能，是工程界得到推广使用的最主要原因。砂子是搅拌混凝土用的重要原材料之一，工程所用的砂子通常是天然河砂，因为天然河砂具有含水率适中、颗粒级配良好、含泥量小的特点，用它制作的混凝土能很好地满足工程要求。

自然界中天然河砂的储量本来就非常少，随着工程建设的大量消耗，天然优质河砂越来越少，已经严重影响和制约了混凝土的使用和发展。随着混凝土使用量逐年增加，混凝土原料资源匮乏成为一个非常严肃的问题凸显出来。我国中、粗砂资源分布严重不均，中、粗砂资源无论从储量、成本还是从可持续发展的角度来看，都已越来越难以满足当代建设规模的需要。天然砂的过度开采，会使农田、河道的生态环境遭受严重破坏。《中华人民共和国水法》第三十九条明确规定，国家实行河道采砂许可制度，具体实施办法由国务院规定。靠近长江沿线很多省份建筑用砂中主要使用江砂，现在国家限制从长江采砂，天然砂资源短缺与使用量的矛盾日益突出。从外地运砂，则运费太高，所以必须寻找适宜的砂替代材料。国内有些地区陆续出现以采石场在加工碎石过程中产生的副产品、自然山砂和专门破碎岩石并筛选的人工砂来替代天然河砂，但是使用山砂、石屑和机制砂会破坏环境。如何找到一种能替代天然河砂而又满足工程需求、价格便宜的材料，是工程界目前亟待解决的问题[22]。

在上述形势下，如果能"因地制宜、就地取材"，科学有效地利用我国中西部干旱、半干旱地区的风积沙资源，将其大量应用于当地的实际工程中，不仅可以遏制荒漠化进程、减少荒漠化损失、促进人与自然的和谐发展，还可以节约资源、减少工程用砂的采集与运输成本、降低工程造价，具有显著的社会经济效益。随着我国"一带一路"国家战略的实施，越来越多具有战略意义和关系国计民生的基础设施将建设在沙漠腹地或穿越沙漠（"新丝绸之路经济带"倡议所涉及的沿线国家大部分都处于荒漠化严重的地区），风积沙资源的科学化工程利用已成为目前亟待解决的问题。

本书内容聚焦于风积沙混凝土柱的地震损伤试验研究，旨在推动风积沙资源在土木工程中得以科学的推广利用。以下从风积沙的工程应用和框架结构（柱）的地震损伤两个方面介绍国内外研究现状。

1.4　风积沙在土木工程领域的应用研究现状及分析

目前，风积沙资源在土木工程领域的应用研究主要集中在路基（路面）材料和风积沙混凝土（砂浆）这 2 个方向上。由于"沙漠砂"也称为"风积沙"，以下统一用"风积沙"来论述。

1.4.1　路基（路面）材料

风积沙资源用于路基（路面）材料的可行性，已被不少学者研究证实。李悦等对不同风积沙取代率的沥青及橡胶沥青混合料进行路用性能试验研究，结果表明：风积沙作为细集料应用于道路工程中是完全可行的[23]。Paige - Green 等对非洲纳米比亚、津巴布韦和安哥拉等国家和地区的风积沙进行研究，发现这些材料虽然不在道路建设规范的考虑之内，但均可以成功用于较低交通流量道路路面的铺设[24]。Al - Mutairi 等利用在伊拉克战争中被石油污染的风积沙来拌制沥青混凝土，研究结果表明：这种混合料是一种质量优良的沥青混凝土，测试结果符合国际标准，可用于二级公路的施工或用作陡坡路堤的稳定剂[25]。

为了更科学地将风积沙用于路基（路面）材料，国内外学者也对其力学性能和工程特性进行了研究。刘大鹏等采用新疆荒漠区风积沙，通过 90 组试样的动三轴试验，研究其动应力-动应变关系，基于试验结果分析了含水率、围压、压实度、荷载作用频率和初始静偏应力对动应力-动应变关系的影响规律[26]。胡建荣等针对沙漠地区风积沙路基，检测了典型路面病害路段不同深度试样的化学成分，基于土水势原理分析了风积沙路基内盐分与水分的迁移特点，研究结果表明：风积沙路基内部水盐分布随深度先降低后增加，水盐场随深度分布呈现"对勾"状规律[27]。Fattah 等分析了伊拉克北部风积沙的岩土工程特性、含水量、密度和级配，并对其进行了夯击试验、剪切试验和 X 射线衍射分析，研究表明：该风积沙用于普通公路或铁路路基是完全可行的[28]。

针对风积沙路基结构相对松散、稳定性相对差、承载力相对低的缺点，学者通过在风积沙内拌入水泥来予以改进。盛明强等利用水泥作为固化剂固化稳定风积沙，形成水泥固化风积沙地基，并完成了水泥固化风积沙地基中 9 个扩展基础模型的抗拔试验，结果表明：风积沙水泥固化方法可显著提高风积沙的抗拔承载性能[29]。郭根胜等在内蒙古地区风积沙特性研究的基础上，研究了水泥稳定风积沙作为道路施工基层材料的抗剪强度，得出不同水泥掺量对风积沙基层抗剪强度的影响规律以及作用机理，试验表明：水泥的掺入可以显著提高风积沙的抗剪强度[30]。Susana 等通过在风积沙中拌入水泥来提高其密实度和承载力，并对该材料的水泥掺量、最大干密度、最佳含水量和承载力等各项指标之间的内在联系进行了分析评价，研究表明：将此新型填筑材料用于公路或铁路路基是完全可行的，可以更好地满足路基所需要的承载力和稳定性[31]。

近年来国内外已有不少将风积沙资源成功应用于路基（路面）材料的工程实践。我国中西部地区部分工程将风积沙资源作为填筑材料应用于铁路、公路的路基以及输水渠道的渠堤，并取得良好效果，如青藏铁路二期工程部分路段、塔里木油田公司塔中 4 油田工程。Netterberg 等对南非胡普斯塔德地区一条以风积沙为路基的公路进行监测分析，发现该公路虽历经 50 年的时间，但仍可继续使用且未发现破损迹象，文中建议风积沙路基可在干旱、半干旱地区交通流量较低的公路上推广使用[32]。

1.4.2　风积沙混凝土（砂浆）

风积沙混凝土（砂浆）是在混凝土（砂浆）拌制过程中，利用风积沙部分代替普通工程砂制作而成的。风积沙组成颗粒较细而且均匀，属于特细砂范畴，其物理化学性质不同于普通工程用砂。近年来许多学者致力于研究如何利用风积沙拌制成力学性能和耐久性能均符合工程建设要求的混凝土（砂浆）。

关于风积沙取代率对混凝土（砂浆）力学性能的影响规律已有不少研究成果。马菊荣等对不同取代率风积沙混凝土进行冲击压缩实验，分析了应变率对风积沙混凝土峰值应力、峰值应变和比能量的影响，揭示了风积沙取代率对风积沙混凝土峰值应力的影响规律[33]。Sonbul 等对沙特阿拉伯境内的风积沙进行了研究，研究表明这些超细颗粒完全可用于混凝土和砂浆的施工，但是当风积沙取代率达到 50% 后，混凝土或砂浆的强度会有所降低，针对此情况作者提出了建议配合比供工程应用参考[34]。Taryal 等在混凝土和水泥砂浆中掺入风积沙等超细砂，对其水灰比、抗压强度、收缩性能等进行了研究，结果表明：掺入超细砂会增加混凝土和水泥砂浆的用水量，超细砂掺入量控制在 40% 以内时，不会造成强度的下降[35]。R'Mili 等在自密实混凝土中加入风积沙进行试验研究，结果表明：在风积沙取代率不超过 30% 时，自密实混凝土的各项工作参数有所提高；在风积沙取代率大于 30% 时，需要同时增加用水量、加入高效减水剂以满足自密实性能的要求[36]。

不少学者通过在风积沙混凝土中掺入粉煤灰等外掺料来改善其各项性能，其中最优配合比被视为研究的重点。付杰等研究了粉煤灰掺量和风积沙取代率对风积沙混凝土力学性能的影响规律，结果表明：同等条件下随着风积沙取代率（或粉煤灰掺量）的增加，风积沙混凝土的 28d 抗压强度和劈裂拉伸强度均呈现先增大后减小的趋势[37]。陈俊杰等利用正交试验方法对风积沙混凝土抗压强度进行了试验研究，并分析了水胶比、灰砂比、风积沙取代率、粉煤灰掺量和减水剂对混凝土抗压强度和劈裂抗拉强度的影响规律[38]。李志强等利用正交试验方法对新疆古尔班通古特风积沙混凝土的工程特性进行了试验研究，考察了水胶比、灰砂比、风积沙取代率、粉煤灰掺量和减水剂对风积沙混凝土立方体抗压强度、和易性的影响，并对试验结果进行了极差、方差和因素指标分析，最终确定了风积沙混凝土的最优配合比[39]。Najif 等在混凝土中同时掺入了粉煤灰矿渣和风积沙，研究不同配合比对混凝土流变性能和力学性能的影响，研究表明：风积沙和粉煤灰矿渣配比为 3∶1

时混凝土的抗压强度达到最高[40]。

风积沙混凝土在特殊环境下的耐久性问题也得到了重视和研究。吴俊臣等对风积沙混凝土进行了抗冻性与冻融损伤机理分析，研究表明：风积沙混凝土的冻融损伤规律与风积沙掺量、冻融次数及内部孔隙分布情况有关，在其他条件不变的情况下，风积沙混凝土的抗冻性能随着风积沙掺量的增加而提高[41]。田帅等通过正交试验研究了水胶比、粉煤灰掺量和风积沙取代率对高强风积沙混凝土高温后抗压强度的影响规律，研究结果表明：与室温下高强风积沙混凝土抗压强度相比，200℃高温后高强风积沙混凝土强度有所降低，在400~600℃高温后抗压强度有所升高，之后随着温度的升高抗压强度逐渐降低[42]。刘海峰进行了单掺粉煤灰、单掺风积沙、双掺粉煤灰和风积沙混凝土3d、7d、14d、28d和56d的抗碳化性能试验，分析了粉煤灰掺量和风积沙取代率对混凝土抗碳化性能的影响，结果表明：对于单掺风积沙混凝土，随着风积沙替代率增加，碳化深度呈先减小后增大趋势；对于双掺粉煤灰和风积沙混凝土，在粉煤灰掺量为10％、风积沙取代率为20％时碳化深度最小[43]。Mohamed等对加入了硫磺（取自石油工业的副产品）、粉煤灰和风积沙的新型硫聚合物混凝土的耐久性进行了分析评价，研究结果表明：3种材料的同时掺入可以在混凝土中成功利用废弃资源，并使材料具有良好的耐腐蚀性和密实性[44]。

在以上材料层面研究的基础上，已有学者开展了风积沙混凝土（砂浆）在结构构件中的应用研究。董存等进行了普通钢筋混凝土简支梁和风积沙钢筋混凝土简支梁的正截面受弯性能试验，结果表明：风积沙可以作为建筑用细集料，风积沙混凝土梁表现出与普通混凝土梁基本相似的特性，试验结果与理论计算值吻合较好[45]。吕志栓等通过试验配制了M5级和M10级风积沙砂浆，并进行了12个多孔砖砌体试件的轴心抗压试验（其中6个试件使用风积沙砂浆砌筑），结果表明：配制出的风积沙砂浆满足和易性和强度要求，使用风积沙砂浆砌筑的砖砌体抗压试件表现出与普通砂砌体抗压试件相似的力学性质[46]。

1.5 框架结构（柱）地震损伤的研究现状及分析

我国位于欧亚大陆的东南部，东受环太平洋地震带的影响，西南和西北都处于欧亚地震带上，自古以来就是一个地震灾害较多的国家。中华人民共和国成立以来发生在唐山、汶川、玉树等地区的地震灾害给国家和人民造成了巨大的损失。总体上看，我国的防震减灾工作与经济社会发展水平还存在诸多不适应，这需要工程抗震界继续努力，以最大限度地减小地震带给人民群众的生命财产损失。目前地震准确预测还是世界性难题，要减小地震灾害，最关键的措施还是搞好抗震设防，提高工程结构的抗震能力。所以如何通过合理抗震设计，增强工程结构抗震性能便成为国内外土木工程界十分重视的课题。

《建筑抗震设计规范》（GB 50011—2010）规定了结构抗震设计中的三个设防水准，允许结构或构件在遭受较严重地震作用时出现不同程度的损伤。在抗震设计中，必须科学、适度地控制结构或构件的地震损伤，因此准确而定量评估结构或关键构件的震损性能成为地震工程领域研究的重点。

　　在框架结构的地震损伤研究领域，很多学者致力于建立科学合理的结构损伤程度数学表达式，用来对结构损伤进行评估与分析。徐龙河等为了研究地震作用下结构的损伤演化过程，对某 3 层钢-混凝土组合框架结构模型进行弹塑性分析，对经典 Park-Ang 双参数损伤模型进行改进，并利用试验测试数据对损伤模型参数进行拟合，研究表明：修正后的结果应用到损伤模型中能够较好地反映结构的损伤程度，并能定量、连续地描述结构的损伤过程[47]。于晓辉等通过引入群体结构震害评估中震害指数的概念，结合地震易损性分析得到的结构破坏状态概率，将震害指数的数学期望作为单体结构的易损性指数，选择 8 层和 10 层两组考虑不同抗震设防水平的钢筋混凝土框架结构为研究对象，分析得到结构的地震易损性曲线、破坏状态概率曲线、易损性指数曲线以及结构在小震、中震和大震作用下的易损性指数[48]。裴强等在振动台试验研究的基础上，研究了地震作用下高层框架结构的损伤性能，以结构刚度折减率为损伤程度指标，并使用结构的频率变化率作为损伤程度识别参数，利用短时傅里叶变换方法对响应数据分析得到结构的模态参数，从而建立损伤程度指标与结构模态参数的函数关系[49]。Kostinakis 等对中高层建筑地震损伤程度与地震动强度之间的关系进行研究，结果表明层间位移是判断结构损伤程度的重要指标，损伤程度与地震动强度之间的关系需要结合结构自身的特性综合研究确定[50]。Adnan 等开发出基于人工神经网络的建筑物智能抗震评价系统，可以在任何给定时间内预测建筑物的地震损伤性能[51]。

　　柱子是框架结构中关键的竖向构件，是承担地震作用的 "主力"。框架结构在强震作用下发生破坏甚至连续性倒塌，是竖向承重构件由于损伤累积而逐步丧失继续承载结构自身重力荷载的能力而导致的，即结构损伤过程也是柱子承载力逐步丧失的过程，所以保证柱子的震损性能对防止框架结构在地震中倒塌极为重要。岳健广等利用水平低周反复加载试验与声发射监测技术，开展了受弯钢筋混凝土柱的宏/微观地震损伤演化试验研究，根据试件损伤演化过程和破坏特征，确定了其损伤性能点；此外利用 Park-Ang 损伤模型，依据 PEER 数据库 55 根 RC 柱的试验结果，统计并分析了试件的概率损伤性能水准[52]。钟铭为了有效预测地震作用下钢筋混凝土柱的低周疲劳损伤累积程度与损伤后的剩余承载能力，提出了一种基于单调荷载-位移关系并考虑低周疲劳效应的钢筋混凝土柱损伤承载能力简化分析方法，该方法得到的计算值与相关试验值的相对误差处于合理范围之内[53]。解咏平等通过 18 个不同截面尺寸钢筋混凝土柱的单调和低周反复加载试验，发现基于 Park-Ang 损伤模型得到的损伤指标随截面尺寸的增大而降低，存在尺寸效应，因此基于试验提出了考虑截面尺寸影响系数的 Park-Ang 损伤模型的修正公式[54]。

　　在特殊环境下，框架或框架柱的地震损伤性能会存在一定程度的退化。损伤劣化程度是影响结构或构件残余受力性能的主要因素，也是对其进行修复加固的依据。陈宗平等通过静力加载试验对高温后再生混凝土柱（内置型钢）的损伤劣化机理及刚度退化规律进行了研究，结果表明：随着温度的升高、恒温时间的增加，试件的损伤值逐渐增大，再生集料取代率、配钢率、配箍率的变化对其无明显影响[55]。郑山锁等基于 12 榀酸性大气环境下锈蚀钢框架柱低周反复加载试验结果，进一步研究了其损伤演变特性，提出了锈蚀钢框架柱的双参数地震损伤模型，研究表明：该模型可以较为合理地描述酸性大气环境下锈蚀钢框架柱地震损伤的产生及其演化过程[56]。Anoop 等研究了钢筋混凝土框架结构处于钢筋被锈蚀情况时，结构使用寿命期间的预期地震损伤评估方法，建议在损伤评估中考虑钢筋面积、屈服强度和极限应变等因素，并提出了改进的结构损伤指数模型[57]。

1.6 本书主要研究内容

综上所述，国内外学者已对风积沙在路基（路面）材料、混凝土（砂浆）中的应用进行了不少研究和工程实践，为风积沙资源的科学化工程利用打下了坚实的基础。但纵观现有研究成果，如果要让风积沙资源在我国中西部干旱、半干旱地区建筑工程中得到广泛的应用，只停留在混凝土材料、砂浆材料的研究层面上还远远不够，还应深入研究风积沙在建筑结构中如何科学的应用。

此外，受欧亚地震带的影响，我国风积沙资源丰富的地区有相当一部分位于高烈度区域。所以我们必须还要考虑：由风积沙混凝土建造而成的结构及其构件在地震损伤性能方面是否会受到影响，其中的影响规律究竟如何。

框架结构的建筑平面布置灵活，能够较大程度地满足建筑使用的要求，可以广泛应用于我国中西部风积沙资源丰富地区的办公楼、商业建筑当中。而柱子正是框架结构中承担地震作用的关键竖向构件。本书为了科学准确地评价风积沙混凝土柱的地震损伤性能，通过一系列风积沙混凝土柱试件（包括普通风积沙混凝土柱、钢纤维风积沙混凝土柱、玄武岩风积沙混凝土柱、型钢风积沙混凝土柱、钢管风积沙混凝土柱等）的低周反复荷载试验研究，研究配合比和设计参数的变化对各柱试件地震损伤性能的影响规律，并根据柱试件的抗震性能指标研究和破坏全过程分析，揭示其地震损伤机理，旨在为风积沙混凝土框架结构的工程应用提供科学依据。

参 考 文 献

［1］ 朱源. 国际环境政策与治理［M］. 北京：中国环境出版社，2015.

［2］ 赵景波. 荒漠化与防治教程［M］. 北京：中国环境出版社，2014.

［3］ 王澄海. 气候变化与荒漠化［M］. 北京：气象出版社，2003.

［4］ 国家林业局. 中国荒漠化和沙化状况公报［Z］. 2015：1 - 3.

［5］ 王涛. 中国沙漠与沙漠化［M］. 石家庄：河北科学技术出版社，2002.

［6］ 朱俊凤，朱震达. 中国沙漠化防治［M］. 北京：中国林业出版社，1999.

［7］ 杨晓晖，张克斌，慈龙骏. 中国荒漠化评价的现状、问题及其解决途径［J］. 中国水土保持科学，2004，2（1）：23 - 27.

［8］ 慈龙骏. 中国的荒漠化及其防治［M］. 北京：高等教育出版社，2005.

［9］ 向夏莹. 中国荒漠化治理世界领先［J］. 生态经济，2017，33（4）：10 - 13.

［10］ 朱震达. 土地荒漠化——21世纪全球的一个重要环境问题［J］. 云南地理环境研究，1994（1）：23 - 31.

［11］ 樊胜岳，高新才. 中国荒漠化治理的模式与制度创新［J］. 中国社会科学，2000（6）：37 - 44，206.

［12］ 高中伟，羊绍武. 荒漠化治理中的主要矛盾及其调整［J］. 农村经济，2001（5）：4 - 5.

[13] 董光荣，吴波，慈龙骏，等. 我国荒漠化现状、成因与防治对策 [J]. 中国沙漠，1999（4）：22-36.

[14] 阎欣，安慧，刘任涛. 荒漠草原沙漠化对土壤物理和化学特性的影响 [J]. 土壤，2019，51（5）：1006-1012.

[15] 侯凤石. 内蒙古自治区荒漠化治理研究 [D]. 呼和浩特：内蒙古大学，2017.

[16] 朱志梅. 沙漠化过程中植被受损过程及其适应对策研究 [D]. 呼和浩特：内蒙古大学，2004.

[17] 魏怀东，李亚，张勃，等. 甘肃河西地区荒漠化土地光谱特征研究 [J]. 光谱学与光谱分析，2019，39（11）：3508-3513.

[18] 周欢水，王翠萍，张德平，等. 基于我国境内丝绸之路经济带荒漠化形势的防治对策初探 [J]. 干旱区资源与环境，2020，34（2）：182-186.

[19] 杨超，李钢铁，刘艳琦. 我国土地沙漠化治理产业化研究综述 [J]. 内蒙古林业调查设计，2019，42（6）：20-23，100.

[20] 刘恕. 对钱学森沙产业理论的学习和理解 [J]. 中国工程科学，2002（1）：9-14.

[21] 彭树涛. 论钱学森的沙产业理论 [J]. 西北农林科技大学学报（社会科学版），2008（6）：81-84.

[22] 吴俊臣，申向东，董伟，等. 风积沙水泥基混凝土的工程应用与耐久性能研究现状 [J]. 硅酸盐通报，2015，34（10）：2846-2850.

[23] 李悦，张广泰，陈柳灼，等. 沥青及橡胶沥青沙漠砂混合料路用性能研究 [J]. 公路工程，2017，42（4）：16-20.

[24] Paige-Green R，Pinard M. I，Netterberg F. Low-volume roads with neat sand bases [J]. Transportation Research Record Joural of the Transportation Research Board，2015，2474：56-62.

[25] Al-Mutairi N. M，Eid W. K. Utilization of oil-contaminated sands in asphalt concrete for secondary roads [J]. Materials and Structures，2014，30（202）：497-505.

[26] 刘大鹏，杨晓华，王婧，等. 新疆荒漠区风积沙动应力-动应变关系试验研究 [J]. 武汉理工大学学报，2016，38（3）：71-75.

[27] 胡建荣，张宏，张海龙，等. 沙漠区风积沙路基水盐迁移规律 [J]. 交通运输工程学报，2017，17（3）：36-45.

[28] Fattah M. Y，Joni H. H，Ahmed A. S. Strength characteristics of dune sand stabilized with lime-silica fume mix [J]. International Journal of Pavement Engineering，2016，8（3）：1-9.

[29] 盛明强，乾增珍，鲁先龙. 水泥固化的风积沙地基扩展基础抗拔试验研究 [J]. 岩土工程学报，2017，39（12）：2261-2267.

[30] 郭根胜，张雁，杜诗朦. 水泥稳定风积沙基层抗剪强度试验研究 [J]. 科学技术与工程，2017，17（15）：322-326.

[31] Susana L. Q，Juana A. T，Maria G. E，et al. Improvement of the bearing capacity of confined and unconfined cement-stabilized aeolian sand [J]. Construction and Building Materials，2017，153：374-384.

[32] Netterberg F，Elsmere D. Untreated aeolian sand base course for low-volume road proven by 50-year old road experiment [J]. Journal of the South African Institution of Civil Engineering，2015，57（2）：50-58.

[33] 马菊荣，刘海峰，杨维武. 沙漠砂混凝土动态力学性能实验研究 [J]. 实验力学，2015，30（4）：491-498.

[34] Sonbul A. R，Abu S. E. S. S，Hakami B. A. H，et al. Experimental study on the utilization of dune sands as a construction material in the area between Jeddah and Mecca，Western Saudi Arabia [J]. Bulletin of Engineering Geology and the Environment，2016，75（3）：1007-1022.

[35] Taryal M. S，Chowdhury M. K. Effect of superfine sand on workability and compressive strength of

cement mortar and concrete [J]. International Journal for Housing Science and Its Applications, 2012, 7 (2): 165 – 174.

[36] R'Mili, A, Ouezdou M. B. Valorization of the crushed sand and of the desert sand in the composition of the self compacting concrete [J]. 2nd International Seminar INVACO – Innovation and Valorization in Civil Engineering and Construction, 2012, 2: 778 – 783.

[37] 付杰, 马菊荣, 刘海峰. 粉煤灰掺量和沙漠砂取代率对沙漠砂混凝土力学性能影响 [J]. 广西大学学报 (自然科学版), 2015, 40 (1): 93 – 98.

[38] 陈俊杰, 杨森, 李志强, 等. 沙漠砂混凝土配合比试验研究 [J]. 混凝土, 2016, 11: 133 – 136.

[39] 李志强, 杨森, 王国庆, 等. 古尔班通古特沙漠砂混凝土配合比试验研究 [J]. 混凝土, 2016, 9: 92 – 99.

[40] Najif I, Hilal E. H. Development and characterization of fly ash – slag blended geopolymer mortar and lightweight concrete [J]. Journal of Materials in Civil Engineering, 2018, 30 (4): 91 – 99.

[41] 吴俊臣, 申向东. 风积沙混凝土的抗冻性与冻融损伤机理分析 [J]. 农业工程学报, 2017, 33 (10): 184 – 190.

[42] 田帅, 刘海峰, 宋建夏. 高温后高强沙漠砂混凝土力学性能研究 [J]. 广西大学学报 (自然科学版), 2015, 40 (1): 112 – 120.

[43] 刘海峰, 马荷姣, 刘宁. 粉煤灰及沙漠砂对混凝土抗碳化性能的影响 [J]. 硅酸盐通报, 2017, 36 (11): 3823 – 3828.

[44] Mohamed A. M. O, Gamal M. E. l. Hydro – mechanical behavior of a newly developed sulfur polymer concrete [J]. Cement and Concrete Composites, 2014, 31 (3): 186 – 194.

[45] 董存, 沙吾列提·拜开依, 伊力亚尔·阿不都热西提, 等. 天然沙漠砂钢筋混凝土梁受弯性能的试验研究 [J]. 建筑结构, 2017, 47 (24): 98 – 104.

[46] 吕志栓, 沙吾列提·拜开依, 董存. 天然沙漠砂砂浆砌筑砖砌体轴心受压性能试验研究 [J]. 新疆大学学报 (自然科学版), 2017, 34 (3): 373 – 378.

[47] 徐龙河, 王苏. 钢-混凝土试验模型结构地震损伤演化分析 [J]. 天津大学学报 (自然科学与工程技术版), 2016, 49 (1): 80 – 85.

[48] 于晓辉, 吕大刚, 范峰. 基于易损性指数的钢筋混凝土框架结构地震损伤评估 [J]. 工程力学, 2017, 34 (1): 69 – 75.

[49] 裴强, 郭少霞, 崔迪. STFT 变换在高层框架结构地震损伤程度识别中的应用 [J]. 地震研究, 2017, 40 (2): 264 – 270.

[50] Konstantinos K, Asimina A, Konstantinos M. Correlation between ground motion intensity measures and seismic damage of 3D R/C buildings [J]. Engineering Structures, 2015, 82: 151 – 167.

[51] Adnan A, Tiong P. L. Y, Ismail R, et al. Artificial neural network application for predicting seismic damage index of buildings in Malaysia [J]. Electronic Journal of Structural Engineering, 2012, 12: 1 – 9.

[52] 岳健广, 镇东. 受弯钢筋混凝土柱宏/微观损伤演化声发射监测试验与评估研究 [J]. 建筑结构学报, 2017, 38 (8): 156 – 166.

[53] 钟铭. 钢筋混凝土柱低周疲劳全过程累积损伤性能简化分析方法 [J]. 土木工程学报, 2016, 49 (8): 84 – 91.

[54] 解咏平, 李振宝, 杜修力, 等. 钢筋混凝土 Park – Ang 损伤模型的尺寸效应修正 [J]. 建筑结构, 2015, 45 (12): 13 – 17.

[55] 陈宗平, 周春恒. 高温后型钢再生混凝土柱损伤机理及刚度退化研究 [J]. 建筑结构学报, 2016, 37 (5): 129 – 137.

［56］ 郑山锁，王晓飞，韩言召. 酸性大气环境下锈蚀钢框架柱双参数地震损伤模型研究［J］. 工程力学，2016，33（7）：129－135.

［57］ Anoop M. B，Balaji Rao K. Seismic damage estimation of reinforced concrete framed structures affected by chloride－induced corrosion［J］. Earthquake and Structures，2015，9（4）：851－860.

第2章 风积沙混凝土材料性能试验研究

河砂广泛应用于玻璃、芯片、建筑、化妆品、陶瓷等行业，与人们的日常生活息息相关。因其级配良好、化学性质稳定、获取方便以及价格低廉等特性，在建筑行业，河砂通常用作混凝土的细集料。然而，随着我国城市化进程的广泛开展，原生生物栖息地已经因河砂的大量开采受到了较大的影响；同时日渐枯竭的河砂资源也使许多地区出现如价格暴涨、以次充好等市场现象。传统细集料的替代品如机制砂、铁尾矿砂等也因此被提出或开发出来[1-3]。

目前细集料短缺的问题已十分严峻。风积沙作为一种颗粒度较细、级配不良、流动性较强的硅质材料，广泛地存在于我国广大的干旱、半干旱地区，是沙漠扩张的首要"触手"，也是每年春季扬沙或沙尘暴等自然灾害的诱因之一。若能找到一种合适的方法改防治为利用，将这种长期肆虐西部的"不良"自然资源推广应用到混凝土的制作材料中，其经济和环境效益不言而喻。近些年来，许多工程技术人员和研究学者结合工程建设的实际需要，对风积沙的物理化学特性、力学性质等工程性质进行了大量的试验与深入研究，取得了很多成果，为风积沙在工程中的广泛使用奠定了理论基础。现有研究结果表明，经过合理的配比，风积沙混凝土在工程中应用是可行的，可以满足一般工程对混凝土力学性能的要求[4-7]。本书在现有研究成果的基础上，就风积沙混凝土的材料性能进行了进一步的研究。

2.1 风积沙混凝土与钢筋的黏结性能试验

目前对于钢筋和风积沙混凝土之间的黏结性能的研究尚少。钢筋与混凝土之间的可靠黏结是两种材料共同工作的基本前提，黏结程度好坏会直接影响钢筋混凝土构件的挠度、裂缝的发展乃至承载能力。为研究风积沙混凝土与钢筋之间的黏结性能，选取内蒙古库布齐沙漠周边（托克托县境内）的风积沙作为原材料进行钢筋的中心拉拔试验。

库布齐沙漠是中国第七大沙漠，主要位于内蒙古自治区鄂尔多斯高原脊线的北部，以及鄂尔多斯市的杭锦旗、达拉特旗和准格尔旗的部分地区。库布齐沙漠总面积约 145 万 hm^2，流动沙丘约占 61%，沙丘高 10~60m，横跨内蒙古三旗，形态以沙丘链和格状沙丘为主。中华人民共和国成立时，库布齐沙漠每年向黄河岸边推进数十米、流入泥沙 1.6 亿 t，直接威胁着"塞外粮仓"河套平原，沙区老百姓的生存和生命安全常受其扰。20 世纪 80—90 年代，冬春季节狂风肆虐，黄沙漫卷，800km 之外的首都北京由此饱受沙尘暴之苦。

本试验在内蒙古自治区土木工程结构与力学重点实验室完成。设计、制作 24 个风积沙混凝土试块进行钢筋的中心拉拔试验，分别研究了风积沙掺量、钢筋形状、钢筋直径和养护龄期四个因素对风积沙混凝土与钢筋之间黏结性能的影响。此外，基于试验数据，得到了风积沙混凝土与带肋钢筋之间的黏结强度-滑移本构关系曲线。

2.1.1　试验方案

2.1.1.1　试块设计

设计制作 24 个尺寸为 150mm 的立方体中心拉拔试块。制作风积沙混凝土的原材料分别为冀东水泥厂生产的普通硅酸盐水泥 P.O 42.5R，呼和浩特砂场生产的普通水洗砂，库布齐沙漠周边的风积沙，呼和浩特土默特旗电厂生产的二级粉煤灰、萘系减水剂等。其中，风积沙掺量为替换相同质量工程用砂的百分比，具体配合比见表 2.1。在制作每组试块时，以相同的配合比保留风积沙混凝土小试块，龄期达到 28d 后测定其立方体抗压强度和轴心抗拉强度，实测值见表 2.2。钢筋采用 HPB300 和 HRB335 钢筋，拉拔钢筋水平放置在试块中心轴位置，并将塑料套管套箍在拉拔钢筋的自由端与加载端形成无黏结区，黏结区的长度取 90mm，试块尺寸如图 2.1 所示。

表 2.1　　　　　　　　　　　　　风积沙混凝土配合比　　　　　　　　　　　　单位：kg/m³

材　料　种　类	配合比	材　料　种　类	配合比
水	205	粉煤灰	43.62
石子	1266.36	水泥	389.28
河砂＋风积沙	492.47	减水剂	3.27

表 2.2　　　　　　　　　　　　风积沙混凝土小试块力学性能参数

风积沙掺量/%	立方体抗压强度/MPa	轴心抗拉强度/MPa
10	36.82	3.71
20	38.30	3.78
30	39.24	3.81

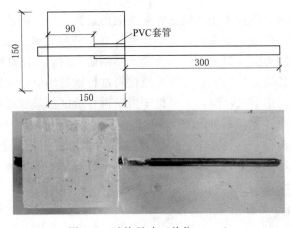

图 2.1　试块尺寸（单位：mm）

2.1.1.2 参数设计

本次试验设计了 4 个参数：风积沙掺量（10%、20%、30%）、钢筋形状（光圆钢筋、带肋钢筋）、龄期（7d、14d、28d）、钢筋直径（12mm、16mm），具体参数见表 2.3。

表 2.3

试　块　参　数

试块编号	风积沙取代率/%	钢筋形状	钢筋直径/mm	养护龄期/d
A10 - R - D16 - C28	10	带肋	16	28
A20 - R - D16 - C28	20	带肋	16	28
A30 - R - D16 - C28	30	带肋	16	28
A10 - P - D16 - C28	10	光圆	16	28
A20 - P - D16 - C28	20	光圆	16	28
A30 - P - D16 - C28	30	光圆	16	28
A10 - R - D12 - C28	10	带肋	12	28
A20 - R - D12 - C28	20	带肋	12	28
A30 - R - D12 - C28	30	带肋	12	28
A10 - P - D12 - C28	10	光圆	12	28
A20 - P - D12 - C28	20	光圆	12	28
A30 - P - D12 - C28	30	光圆	12	28
A10 - P - D16 - C7	10	光圆	16	7
A20 - P - D16 - C7	20	光圆	16	7
A30 - P - D16 - C7	30	光圆	16	7
A10 - R - D16 - C14	10	带肋	16	14
A20 - R - D16 - C14	20	带肋	16	14
A30 - R - D16 - C14	30	带肋	16	14
A10 - P - D16 - C14	10	光圆	16	14
A20 - P - D16 - C14	20	光圆	16	14
A30 - P - D16 - C14	30	光圆	16	14
A10 - R - D16 - C7	10	带肋	16	7
A20 - R - D16 - C7	20	带肋	16	7
A30 - R - D16 - C7	30	带肋	16	7

注：试块编号 A 代指风积沙掺量，P 代指光圆钢筋，R 代指带肋钢筋，D 代指钢筋直径，C 代指试块养护龄期。

2.1.1.3 试验装置与加载方法

本试验加载装置为微机控制万能试验机，如图 2.2 所示。加载过程中，按照《混凝土结构试验方法标准》（GB/T 50152—2012）严格执行。

2.1.2 试验结果

2.1.2.1 试块破坏特征值

各试块中心拉拔实验的破坏特征值见表 2.4，其中 F_{cr} 为试块开始劈裂时的荷载值；F_u 为试验过程中的最大力值；τ_u 为极限黏结强度，MPa；S_u 为试验结束时钢筋自由端

图 2.2　微机控制万能试验机加载装置图

型破坏细节如图 2.4（a）所示。

的最大滑移值。黏结强度 τ 可按下式[8-9]计算：

$$\tau = \frac{F}{\pi D l_a}$$ (2.1)

式中：F 为拉拔荷载值，kN；D 为钢筋直径，mm；l_a 为钢筋黏结区长度，mm。

2.1.2.2　试块破坏形态

由表 2.4 可知，试块主要有两种破坏形态：拔出破坏和劈裂破坏。

（1）拔出破坏发生在配置光圆钢筋的风积沙混凝土试块，拔出破坏的典型荷载位移曲线如图 2.3（a）所示。试验初期，钢筋自由端几乎没有产生位移。随着荷载的增加，自由端开始产生位移，当力值逐渐增大达到 F_u 时，试块出现极少数细微裂缝，但并不明显。直到试验结束，荷载下降并趋于稳定，自由端位移达到自由端最大位移值 S_u，典

表 2.4 　　　　　　　　　　　　试 块 破 坏 特 征 值

试块编号	F_{cr}	F_u	τ_u	S_u	破坏形态
A10 - R - D16 - C28	54.3	74.8	16.5	16	劈裂
A20 - R - D16 - C28	63.7	85.2	18.8	16	劈裂
A30 - R - D16 - C28	78.3	95.8	21.2	17	劈裂
A10 - P - D16 - C28	—	28.9	6.4	10	拔出
A20 - P - D16 - C28	—	35.4	7.8	11	拔出
A30 - P - D16 - C28	—	42.1	9.3	13	拔出
A10 - R - D12 - C28	40.7	58.9	13.0	15	劈裂
A20 - R - D12 - C28	49.2	65.3	14.4	15	劈裂
A30 - R - D12 - C28	60.1	71.8	15.9	17	劈裂
A10 - P - D12 - C28	—	29.5	6.5	11	拔出
A20 - P - D12 - C28	—	33.1	7.3	12	拔出
A30 - P - D12 - C28	—	35.9	7.9	13	拔出
A10 - P - D16 - C7	—	20.2	4.5	10	拔出
A20 - P - D16 - C7	—	24.8	5.5	11	拔出
A30 - P - D16 - C7	—	29.5	6.5	11	拔出
A10 - R - D16 - C14	52.8	67.4	14.9	15	劈裂
A20 - R - D16 - C14	58.1	76.7	17.0	15	劈裂
A30 - R - D16 - C14	65.9	86.2	19.1	16	劈裂

试块编号	F_{cr}	F_u	τ_u	S_u	破坏形态
A10 - P - D16 - C14	—	25.3	5.6	11	拔出
A20 - P - D16 - C14	—	30.9	6.8	12	拔出
A30 - P - D16 - C14	—	35.9	7.9	13	拔出
A10 - R - D16 - C7	38.4	53.9	11.9	15	劈裂
A20 - R - D16 - C7	47.9	61.7	13.6	15	劈裂
A30 - R - D16 - C7	55.9	76.9	17.0	16	劈裂

（2）劈裂破坏发生在配置带肋钢筋的风积沙混凝土试块，劈裂破坏的典型荷载位移曲线如图 2.3（b）所示。试验初期，钢筋自由端没有产生位移。随着荷载的不断增加，钢筋自由端产生滑移，当力值达到 F_{cr} 时，试块表面出现狭长裂缝并贯穿整个试块，如图 2.4（b）所示。直到试验结束，荷载下降并趋于稳定，自由端位移达到自由端最大位移值 S_u。

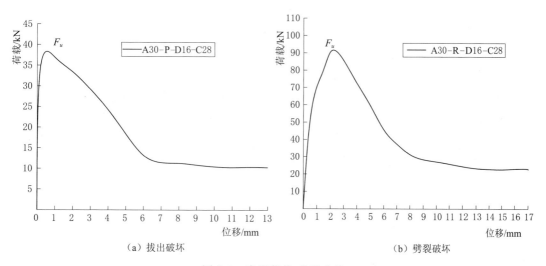

（a）拔出破坏　　　　　　　　　　　（b）劈裂破坏

图 2.3　实测荷载-位移曲线

（a）拔出破坏　　　　　　　　　　　（b）劈裂破坏

图 2.4　试块典型破坏细节图

2.1.3　试验结果分析

2.1.3.1　风积沙掺量对黏结性能的影响

当钢筋为直径16mm的带肋钢筋，风积沙混凝土试块龄期为28d时，不同风积沙掺量对应的黏结强度-滑移曲线如图2.5所示。由图可知，不同风积沙掺量对应的黏结强度-滑移曲线可大致分为以下几个阶段[10-13]：

（1）胶结段。此阶段是指在加载初期，黏结强度-滑移曲线上有一段无位移阶段。这是由于钢筋与混凝土接触面上的胶结力足以抵抗拉拔荷载，但这种力一般都来自钢筋表面的氧化作用和水泥晶体的生长，一旦钢筋发生滑移，胶结力就不复存在。

（2）上升段。此阶段是指在胶结力消失后，抵抗拉拔荷载主要由摩阻力和机械咬合力共同承担，导致黏结应力增大，直至黏结强度峰值点。

（3）下降段。黏结强度达到峰值点后，由于混凝土内部产生裂缝，或混凝土的破碎导致摩擦力和咬合力大幅减小，使得黏结力不断下降，滑移量不断增大。

（4）残余段。此阶段是指钢筋发生较大滑移后，黏结强度趋于稳定的阶段。

综上所述，黏结力主要由胶结力、摩阻力和机械咬合力组成，而这三种力的作用都与水泥体的强度有关，一般近似与混凝土的抗拉强度成正比。如图2.5所示，风积沙掺量为10%～30%的范围内，随着风积沙掺量的增加，极限黏结强度均提高。其中，风积沙取代率为30%时，极限黏结强度最大，这与表2.2的试验结果相吻合。即在风积沙掺量为10%～30%范围内，随着风积沙掺量的提高，风积沙混凝土立方体抗压强度和轴心抗拉强度也随之提高，从而间接增强钢筋和风积沙混凝土之间的黏结性能，风积沙掺量为30%时效果最好。

2.1.3.2　钢筋形状对黏结性能的影响

当钢筋直径为16mm，风积沙混凝土养护龄期为28d，风积沙掺量分别为10%、20%和30%时，光圆钢筋和带肋钢筋所对应的极限黏结强度τ_u如图2.6所示。由图可知，当风积沙掺量为一定值，分别为10%、20%和30%时，带肋钢筋对应的极限黏结强度比光圆

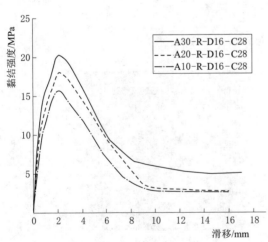

图2.5　不同风积沙掺量对应的黏结强度-滑移曲线

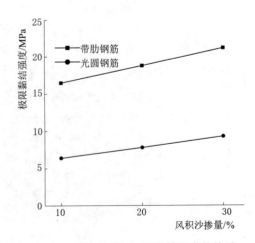

图2.6　钢筋外形与极限黏结强度的关系

钢筋分别提高了 61.2%、58.5% 和 56.1%。也即当其他参数一致,风积沙掺量为 10%～30% 范围内,配置带肋钢筋可以提高风积沙混凝土与钢筋之间的黏结性能。此外,试块破坏形态也受到钢筋形状的影响,拔出破坏大多发生在光圆钢筋的试块,劈裂破坏大多发生在带肋钢筋的试块,见表 2.4。

分析可知,发生上述现象的原因可认为是光圆钢筋与带肋钢筋的不同黏结机理造成的。黏结力主要由胶结力、摩阻力和机械咬合力组成,对于光圆钢筋,主要由摩阻力和胶结力共同抵抗拉拔荷载,机械咬合力起辅助作用;对于带肋钢筋,主要由机械咬合力抵抗拉拔荷载,胶结力和摩阻力起辅助作用。以上差别造成配置带肋钢筋试块的极限黏结强度要大于配置光圆钢筋试块的极限黏结强度。破坏形态不同主要是在拉拔过程中,带肋钢筋表面上凸出的横肋碾压混凝土,破碎的混凝土在肋前形成堆砌的斜面,从而产生垂直斜面作用的斜向挤压力,斜向挤压力的径向分力导致内部混凝土破裂,形成劈裂破坏[10-13],如图 2.7 所示。

2.1.3.3 钢筋直径对风积沙混凝土黏结性能的影响

当风积沙掺量为 30%,养护龄期为 28d,钢筋形状不同时,钢筋直径与风积沙混凝土极限黏结强度之间的关系如图 2.8 所示。由图可知,当其他参数相同,无论是光圆钢筋还是带肋钢筋,直径 20mm 钢筋对应的极限黏结强度都大于直径 16mm 钢筋对应的极限黏结强度。其中,带肋钢筋直径由 16mm 增加到 20mm,极限黏结强度增加 25.0%;光圆钢筋直径由 16mm 增加到 20mm,极限黏结强度增加 15.1%。

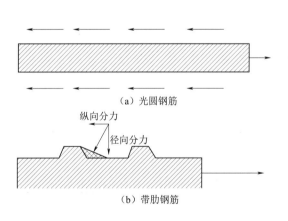

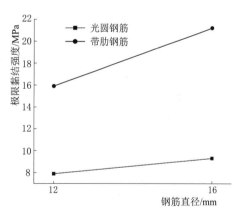

图 2.7　钢筋外形与风积沙混凝土的黏结机理　　图 2.8　钢筋直径与极限黏结强度的关系

2.1.3.4 龄期对黏结性能的影响

本书选取钢筋直径为 16mm 且为带肋钢筋时,龄期与极限黏结强度的关系进行分析,如图 2.9 所示。由图可知,当风积沙掺量相同时,随着龄期的增加,τ_u 也随之增大。风积沙掺量为 10% 时,龄期 28d 与龄期 14d、龄期 7d 相比,极限黏结强度分别提高了 9.7%、27.9%;风积沙掺量为 20% 时,龄期 28d 与龄期 14d、龄期 7d 相比,极限黏结强度分别提高了 9.6%、27.7%;风积沙掺量为 30% 时,龄期 28d 与龄期 14d、龄期 7d 相比,极限黏结强度分别提高了 9.9%、19.8%。

2.1.4　风积沙混凝土与钢筋的黏结滑移本构关系

在试验结果的基础上，参照《混凝土结构设计规范》（GB 50010—2010）[14]，对风积沙混凝土与带肋钢筋之间的黏结强度-滑移曲线进行模型化，得到风积沙混凝土与带肋钢筋之间的黏结强度-滑移本构关系曲线，如图 2.10 所示。曲线特征点取值可按表 2.5 取用。因该表取值是按本次试验数据经统计分析得到，而影响黏结强度-滑移本构关系的因素较多，因此建议表中其他参数由实际试验测定。

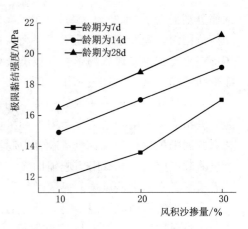

图 2.9　龄期与极限黏结强度的关系

$$线性段　\tau = k_1 s \tag{2.2}$$
$$上升段　\tau = \tau_{cr} + k_2(s - s_{cr}) \tag{2.3}$$

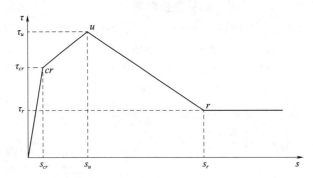

图 2.10　风积沙混凝土与带肋钢筋之间的黏结强度-滑移本构关系曲线

$$下降段　\tau = \tau_u + k_3(s - s_u) \tag{2.4}$$
$$残余段　\tau = \tau_r \tag{2.5}$$

式中：τ 为风积沙混凝土与带肋钢筋之间的黏结强度，N/mm；s 为风积沙混凝土与带肋钢筋之间的滑移，mm；k_1 为线性段斜率；k_2 为劈裂段斜率；k_3 为下降段斜率。

表 2.5　　　　　　　　　　　　　曲 线 特 征 点 取 值 表

特　征　点	黏结强度/MPa	滑移值/mm
劈裂	$3.26f_{t,r}$	0.06D
峰值	$4.27f_{t,r}$	0.65D
残余	$1.02f_{t,r}$	1.02D

注：$f_{t,r}$ 代表风积沙混凝土轴心抗拉强度，D 代表钢筋直径。

2.1.5　小结

本节内容主要为 24 个风积沙混凝土试块的钢筋中心拉拔试验研究，分别研究了风积沙掺量、钢筋形状、钢筋直径和养护龄期 4 个因素对风积沙混凝土与钢筋之间黏结性能的影响。主要结论如下：

（1）在风积沙掺量为 10%～30% 范围内，随着风积沙掺量的提高，风积沙混凝土立方体抗压强度和轴心抗拉强度也随之提高，从而间接增强风积沙混凝土的黏结性能，风积沙掺量为30%时效果最好。

（2）当其他参数一致，风积沙掺量分别为10%、20%和30%时，带肋钢筋对应的极限黏结强度比光圆钢筋分别提高了61.2%、58.5%和56.1%。

（3）当其他参数一致，风积沙掺量为10%～30%范围内，带肋钢筋直径16mm增加到20mm，极限黏结强度增加25.0%；光圆钢筋直径由16mm增加到20mm，极限黏结强度增加15.1%。

（4）本书根据试验得到风积沙混凝土与带肋钢筋之间的黏结强度-滑移本构关系曲线，可供工程研究和应用参考。

2.2 库布齐风积沙对各分级河砂填充效应的研究

许多研究显示，风积沙对普通河砂的部分取代可以在一定程度上提高混凝土的力学性能[15-18]，其中重要的原因之一就是风积沙对普通河砂的部分取代会改善细集料的级配，最佳风积沙取代率一般为20%～40%[19]。然而，由于所用河砂级配的不同，以及分布在沙漠不同部分的风积沙的差异性[20-24]，单纯地就混凝土性能试验结果给出风积沙最优取代率可能会有较低的移植性，产生较大的误差。风积沙对普通河砂的取代本质上来说是细集料的变化，若要系统地研究风积沙混凝土，进一步推进风积沙在建筑行业的应用，有必要首先从风积沙对普通河砂取代后的集料级配情况着手，深入分析和明确取代率与细集料级配的影响关系。实践中常按细度模数的大小，将普通河砂分为三类取用[25]。基于此，本书对库布齐风积沙对三类共9组细度模数的普通河砂在不同取代率下的细集料空隙率进行了试验探究，同时利用PFC3D离散元软件基于相应的级配情况进行了堆积模拟[26]，对比分析了模拟结果与实验结果的差异；之后基于对这种差异的分析和处理，利用计算机进行了大量模拟研究，最终得出了风积沙对各细度模数河砂的最优取代率。

此外，由于风积沙经过长年风力的搬运，有着较好的磨圆度，其形状较大地区别于与之有着相同级配情况的细河砂颗粒[27]。因此，在某些情况下仅从传统集料级配设计或优化的角度，即无差异地以质量分数考虑风积沙对普通河砂的取代，可能不利于确定真正优良的集料级配。为了探究风积沙形状对细集料空隙率的影响，本书又通过以上系列方法对与风积沙有着相同级配的细河砂对三类河砂部分取代后的空隙率进行了探究，确定了另外一种不同取代率情况下的空隙率，通过对比两种空隙率，确定了库布齐沙漠风积沙对三类河砂不同取代率情况下细集料空隙率的粒形影响因子[28]。

2.2.1 试验方案
2.2.1.1 试验原材料

1. 风积沙

本次试验所采用的风积沙为库布齐沙漠地区典型的风积沙，其级配情况见表2.6。

2. 普通河砂

普通河砂为建材市场常见的天然河砂，为了降低其中杂质的影响，对其进行了水洗处理。在将其投入烘箱烘干至恒重后，利用标准实验筛和摇筛机对其进行了筛分，并将筛分出的河砂按粒径范围分开保存。

表 2.6　　　　　　　　　　　　　　风积沙颗粒级配

粒径/mm	<0.16	0.16~0.315	0.315~0.63	0.63~1.25	1.25~2.5	2.5~5
比率/%	37.7	20.4	10.75	8.2	0	0

本次试验通过 Python3.0 语言 IDLE 框架调取 random 函数，随机生成了符合粗、中、细三级各三种细度模数共 9 组初始河砂级配，代码如图 2.11 所示，级配情况在表 2.7 中给出。之后利用电子秤和浅盘等工具严格按照这 9 组级配进行称量和制配，每组制备 90kg 作为试验用砂，部分河砂如图 2.12 所示。为了尽量模拟实际环境中的河砂情况，在试验前均将其置于振动台进行振动和摇匀处理。

```
import datetime
import random
start = datetime.datetime.now()
a = 1
t = input("Please enter gradation requirements : ")
p = input("Please enter the fineness modulus : ")
q = (eval(p) - 0.01)
qq = (eval(p) + 0.01)
cc = (" and 0.01 < z[0] <0.37 and 0.02 < z[1] <0.37 and 0.02 < z[2] <0.37 and 0.02 < z[3] <0.37 /
     and 0.02 < z[4] <0.37 and 0.02 < z[5] <0.37 and 0.02 < z[6] <0.37")
j = "and "+ str(q) + "<= round(((sum(z[0:2])+sum(z[0:3])+sum(z[0:4])+sum(z[0:5])+sum(z[0:6])-5*z[0])/(1-x[0:0]),2) <="+ str(qq)
while a>0
    uu =[]
    z =[]
    c = [0,1]
    a = 1
    for i in range(6):
        k = random.uniform(0,1)
        y = round(k,4)
        c.append(y)
    na = sorted(c,reverse = True)
    n = 0
    for i in range(7):
        jj = na[n] - na[n+1]
        n = n+1
        z.append(jj)
    if eval(t+cc+j):
        print("The corresponding gradation is as follows : {}".format(z))
        end = datetime.datetime.now()
        print(end - start)
        bb = 0
        for i in range(len(z)):
            uu.append(z[bb]*100)
            bb =bb+1
        b =uu[::-1]
        print(b)
        print(sum(b))
```

图 2.11　随机生成细集料级配的 Python 代码

表 2.7　　　　　　　　　　　　　　级配情况

河砂分类	细度模数	堆积密度/(kg/m³)	粒径/mm						
			<0.16	0.16~0.315	0.315~0.63	0.63~1.25	1.25~2.5	2.5~5	>5
粗砂	3.6	1676	2.08	6.28	10.6	19.25	27.79	29.41	4.59
	3.4	1703	1.74	17.21	8.36	11.89	25.83	29.73	5.24
	3.2	1672	3.35	3.51	16.22	30.49	26.04	12.77	7.62
中砂	3.0	1692	4.04	8.29	23.7	16.30	27.92	12.36	7.39
	2.7	1728	4.85	22.3	20.5	19.21	11.83	19.2	2.11
	2.4	1731	6.27	22.38	24.03	19.37	12.0	9.43	6.52
细砂	2.2	1700	3.5	31.7	26.97	12.85	13.31	6.35	5.32
	1.9	1676	8.06	27.61	34.39	9.15	7.76	3.1	9.93
	1.7	1671	6.47	36.98	35.76	11.08	3.24	1.15	5.32

2.2.1.2　试验方法

利用电子秤和浅盘等工具将风积沙和与其级配一致的普通河砂分别在 0~40% 范围以

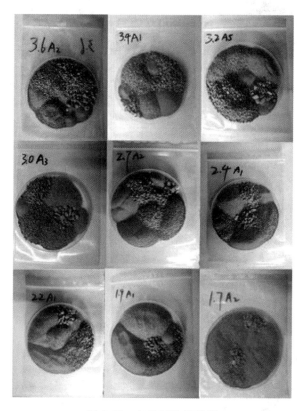

图 2.12　初始河砂细集料

内，以 5% 间隔递增的质量分数对已制配的 9 种不同细度模数的河砂进行取代，得到共 162 组各 5kg 细集料，再次置于振动台进行振动和摇匀处理。之后严格按照《建筑用砂》（GB/T 14684—2001）给出的检测方法对每一种取代后的细集料表观密度和堆积密度特性进行多次测量与记录，并通过以上两者计算出了细集料空隙率。

2.2.1.3　模拟过程

通过计算机以及 PFC3D 离散元分析软件，基于对一些库布齐风积沙颗粒和河砂颗粒实际形状的观测、几何外观的提取，分别建立了几种不同的 clump 颗粒模型，在保证一定运算效率的情况下尽可能地提升网格精度以模拟真实砂粒形态。此外利用 Python 自带的 Fish 语言，编制建立了级配可以任意修改的细集料堆积的模拟项目，之后按照实验中所用到的细集料的不同组成情况对相应参数进行调整并运行程序，记录每次堆积模拟的空隙率。图 2.13 给出了为风积沙颗粒建立的 3 种颗粒的模型，以及为河砂颗粒建立的 4 种颗粒的模型，两组颗粒在模拟中相应细集料类别中的占比是随机的。模拟堆积过程中的几种界面如图 2.14 所示。

为了确定风积沙最优取代率，继续调用图 2.11 中的代码，为三级河砂各细度模数分别生成了 10 组相应的随机级配，见表 2.8。每组级配在 0～40% 取代率范围内以 2.5% 间隔递增的质量分数对河砂进行取代，之后对所有新生成的细集料种类再次运用 PFC3D 软件模型进行模拟。

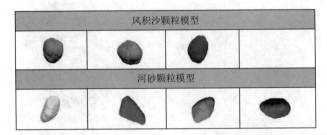

图 2.13 颗粒模型

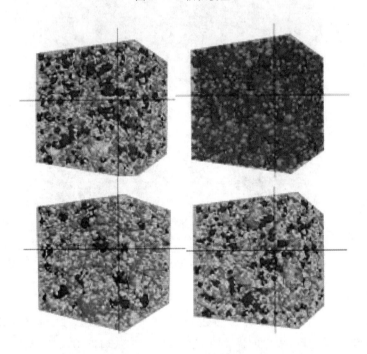

图 2.14 几种堆积模拟进程

表 2.8 模拟用级配情况（部分） 单位：mm

粒径 / 细度模数	<0.16	0.16~0.315	0.315~0.63	0.63~1.25	1.25~2.5	2.5~5	>5
	2.41	3.11	40.44	23.29	26.26	27.27	7.21
	3.39	4.16	10.98	24.37	22.41	33.48	1.21
	2.08	5.12	13.57	17.11	28.65	29.91	3.56
	2.98	5.16	8.07	20.67	30.27	26.72	6.13
	2.06	3.36	19.35	12.89	29.37	31.72	1.25
3.6	4.38	7.52	4.92	18.33	33.09	29.06	2.7
	2.48	2.58	11.3	21.62	29.95	24.77	7.3
	3.05	4.53	9.93	18.16	35.9	25.38	3.05
	2.24	4.13	10.26	26.12	23.02	30.53	3.7
	2.99	2.56	17.27	17.66	25.1	32.8	1.63

2.2.2 试验结果分析

2.2.2.1 试验结果与模拟结果对比

1. 试验结果

试验所得不同细度模数细集料空隙率与风积沙取代率的关系如图 2.15 所示。由图可知，在 0～40% 风积沙取代率范围内，随着取代率的增加，粗砂即细度模数在 3.7～3.1 范围内的河砂时，空隙率有着明显的降低；当被取代砂为中砂即细度模数在 3.0～2.3 范围内的河砂时，空隙率主要表现为呈现先降低后增加的趋势；当被取代砂为细砂即细度模数在 2.2～1.6 范围内的河砂时，空隙率主要表现为增加的趋势。具体变化情况见表 2.9。

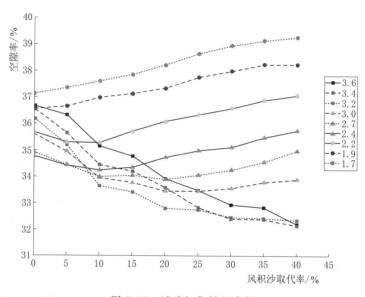

图 2.15 试验细集料空隙率

表 2.9			试验河砂级配改善情况					%
细度模数 取代率	3.6	3.4	3.2	3.0	2.7	2.4	2.2	1.9	1.7
0	0	0	0	0	0	0	0	0	0
5	0.93	2.49	2.71	1.83	1.37	0.95	1.04	−0.27	−0.57
10	4.12	5.80	6.99	4.63	2.63	1.50	1.09	−1.20	−1.27
15	5.15	6.43	7.63	5.11	2.49	1.18	−0.14	−1.59	−1.94
20	7.50	8.15	9.28	6.04	2.92	0.09	−1.18	−2.16	−2.91
25	8.70	10.2	9.51	6.04	2.49	−0.66	−1.88	−3.34	−4.06
30	10.17	11.35	10.28	5.70	1.89	−1.04	−2.55	−3.97	−4.90
35	10.44	11.43	10.39	5.08	1.03	−2.04	−3.42	−4.65	−5.44
40	12.16	12.06	10.58	4.80	−0.17	−2.90	−3.95	−4.64	−5.73

2. 模拟结果

模拟得出不同细度模数细集料空隙率与风积沙取代率的关系如图 2.16 所示，空隙率随风积沙取代率的优化情况见表 2.10。

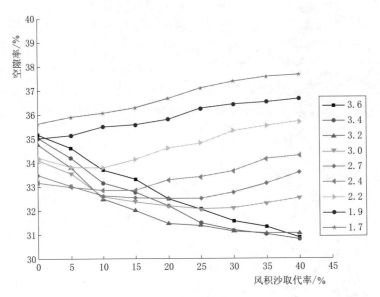

图 2.16　模拟细集料空隙率

表 2.10 模拟得出的河砂级配优化情况 %

取代率 ＼ 细度模数	3.6	3.4	3.2	3.0	2.7	2.4	2.2	1.9	1.7
0	0	0	0	0	0	0	0	0	0
5	1.59	2.34	2.76	1.64	1.34	0.54	1.17	−0.34	−0.76
10	4.18	5.34	6.50	4.49	2.57	0.93	1.26	−1.40	−1.24
15	5.32	6.42	7.86	5.07	2.75	0.91	−0.23	−1.60	−1.85
20	7.65	8.08	9.47	6.63	2.87	−0.36	−1.11	−2.23	−2.92
25	8.84	10.13	9.70	6.01	2.81	−0.72	−1.72	−3.51	−4.13
30	10.29	10.99	10.39	5.86	2.12	−1.48	−3.21	−4.03	−4.94
35	10.97	11.45	10.62	5.31	1.02	−2.99	−3.83	−4.25	−5.47
40	12.28	12.08	10.65	4.66	−0.33	−3.41	−4.32	−4.65	−5.70

3. 模拟结果与试验结果的对比

通过对比图 2.15 和图 2.16 中的空隙率曲线可知，两图中曲线的形态吻合较好，只是模拟结果较试验结果偏小，其原因可能是颗粒模型的建立和实际仍有偏差，只能表现出较大的棱角，不能充分考虑实际中沙粒表面细微的棱角或沟壑所带来的影响，导致沙粒接触和堆积时倾向于更密实的状态。此外，通过观察表 2.9 和表 2.10 具体的取代率数据可知，试验结果和模拟结果的差异有一定的普遍性，例如，风积沙最优取代率在两表中的相对位置并没有发生改变。

本书对所有细集料组试验结果和模拟结果的差值进行了计算和统计，如图 2.17 所示。曲线显示无论从细度模数，还是从风积沙取代率角度，各组空隙率变化的均值均在一个范围内波动，这种波动主要集中在 4.0%~4.5%。因此，本书给出了细集料堆积模拟结果的调整公式

$$V_t = kV_m \tag{2.6}$$

式中：V_t 为实际空隙率；k 为空隙率修正系数，本书取 1.043；V_m 为模拟得到的空隙率。

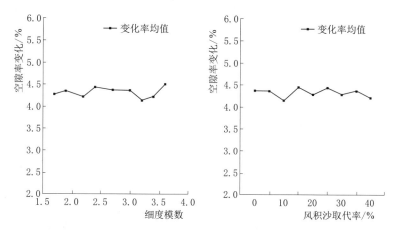

图 2.17　模拟与试验空隙率的差异

2.2.2.2　风积沙最优取代率

基于已完成的模拟可行性的讨论，本书重复调用图 2.11 中的代码，对每个细度模数的河砂生成 10 组级配，并就这些级配进行 0~40% 范围内，以 2.5% 为间隔递增的风积沙取代率下的模拟，对模拟结果利用式（2.6）进行调整，并求解了每点的均值。

从图 2.18 可以看出，风积沙对部分普通河砂的取代会对河砂空隙率造成较大的影响，且这种影响随着河砂分级的不同有较大的改变。在风积沙取代率为 0~40% 范围内，以粗砂河砂为取代基础的细集料空隙率整体呈现下降趋势；以中砂河砂为取代基础的细集料空隙率呈现为先下降后上升的上开口弧状特征；以细砂河砂为取代基础的细集料空隙率整体呈现为上升趋势。其中风积沙对细砂河砂的取代中填充效应非但未明显发生，还会较大概率增加细集料的空隙率，降低集料的密实程度，风积沙在此细度范围内的应用价值不大；而风积沙对粗、中两区河砂的密实程度在一定范围内有显著的优化作用。

为了探究最风积沙优取代率，本书将以上每种细度模数模拟得出的最优取代率进行了统计，发现多次模拟结果具有大范围内聚集，小范围内（均未超过 5%）分散且又有明显焦点的簇状分布特点，如图 2.19 所示，这说明以细度模数来确定风积沙最优取代率是有一定的现实意义的。

此外，本书基于此绘制了不同细度模数下细集料空隙率角度的河砂的最优取代率曲线，如图 2.20 所示。同时，为了更好地服务于工程实践，本书将此规律按级配区分三段进行了函数拟合，每段拟合函数的 R^2 均小于 0.94，可以用来进行各细度模数河砂风积沙最优取代率的计算。具体见下式。

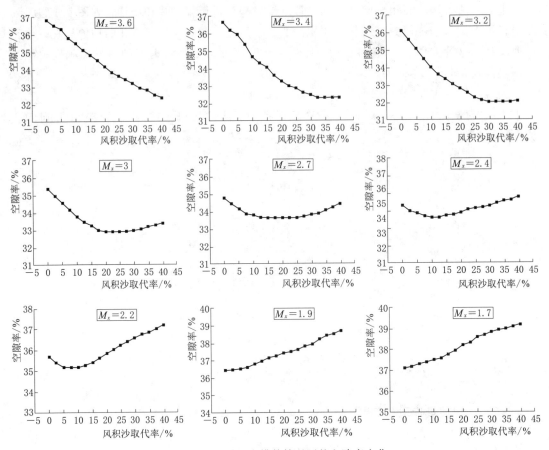

图 2.18　不同细度模数情况下的空隙率变化

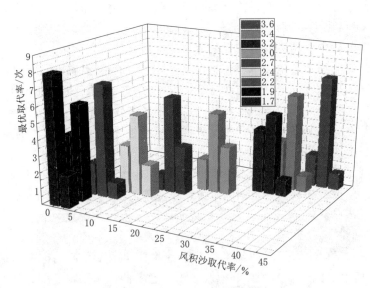

图 2.19　风积沙最优取代率分布

$$S=\begin{cases} 2.967x^2+1.547, & 3.1\leqslant x\leqslant3.7 \quad (粗砂) \\ 3.087^x-5.87, & 2.3\leqslant x\leqslant3.0 \quad (中砂) \\ 3.18^x-7.32, & 1.6\leqslant x\leqslant2.2 \quad (细砂) \end{cases} \qquad (2.7)$$

式中：S 为河砂对应的空隙率最小时的风积沙取代率；x 为细度模数。

从图 2.20 可以看出，随着河砂细度模数的改变，最优取代率的变化非常明显，在粗砂、中砂、细砂三级河砂范围内从 0～40% 皆有分布，曲线呈现出略微的 S 形。其中，风积沙对粗砂河砂的最优取代率均在 30% 以上，对中砂河砂的最优取代率分布在 10%～25%，对细砂河砂的最优取代率较低，均低于 10%。作为工程推荐用沙的中砂细度模数范围内曲线较粗砂和细砂部分有着最大的斜率。此外，河砂初始级配的差异会显著影响取代后所生成细集料的性质，这种影响可能最终也会较大程度地反映到风积沙混凝土的性能上。因此，笔者认为以风积沙取代率角度

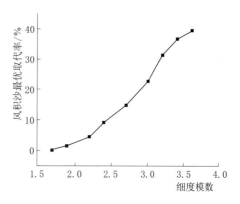

图 2.20　不同细度模数河砂最优
风积沙取代率曲线

来研究风积沙在混凝土中的应用，若不考虑细集料尤其是河砂的初始级配，仅以混凝土性能测量结果确定最优风积沙取代率，试验结果可能具有较低的移植性。

2.2.2.3　与已有试验结果的对比

本书对近十年来以风积沙取代率角度来研究风积沙混凝土力学性能的研究成果进行了搜集和统计，挑选出了明确给出取代用河砂细度模数或级配情况的论文，对其细度模数进行了统计或计算，再加上前期的一些实验结果，形成了一个小型数据库，将这些以混凝土性能得出的最优风积沙取代率与图 2.20 中的以空隙率角度给出的最优取代率曲线进行了对比，具体如图 2.21 所示。

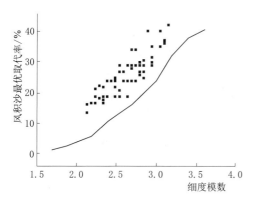

图 2.21　两种风积沙最优取代率对比

图 2.21 曲线上方的黑色散点代表力学实验确定出的混凝土最优取代率。从图中可以看出，多数试验用的初始河砂细度模数均处在中砂分级范围内。以混凝土力学等性能试验确定的最优风积沙取代率均高于从空隙率角度确定的最优取代率曲线，且两个分布形态类似，这也从另一个角度说明除去风积沙的填充效应对混凝土性能的提升之外，风积沙对混凝土性能的影响还有其他潜在的原因，包括风积沙在混凝土中的活性效应或形态效应[29-30]，从图中可以看出这种影响非常显著。此外，风积沙的活性效应对混凝土的作用机理与其填充效应不同，其效果可能较大地与配合比中风积沙存在的净质量有关，通过确定这种质量-活性效应模型，可能会对风积沙混凝土的设计和性能预测有很大帮助，具体有待进一步研究。

2.2.2.4　风积沙颗粒形状对空隙率的影响

为了探究风积沙独特的颗粒形状对河砂被取代后所产生的细集料空隙率所造成的影

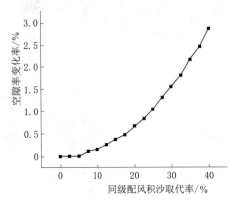

图 2.22　相同级配河砂取代后空隙率变化

响，本书利用与风机沙级配一致的实际筛分出来的河砂对不同分级河砂作了与前文的对照试验，通过对比两者相同取代率情况下对不同细度模数的河砂取代后的空隙率情况，发现相较于风积沙，细河砂对河砂的取代在不同取代率情况下均有着更高的空隙率表现，且不同细度模数的初始河砂对这种变化趋势并没有明显的影响，两者结果的差异随着取代率的增加有上升的趋势。具体研究结果如图 2.22 所示。

从图 2.22 中可以看出，随着取代率的增加，空隙率变化曲线的形状有明显的指数函数的特征。因此，对以上曲线进行了基于指数函数的拟合，之后对拟合出的曲线取负值，给出了风积沙的特殊形状对不同取代率情况下细集料空隙率影响的经验公式：

$$k = -1.035^x + 1.23 \tag{2.8}$$

式中：k 为风积沙颗粒形状空隙率影响因子；x 为风积沙取代率。

2.2.3　小结

本书对风积沙对不同分级河砂不同取代率情况下的细集料的堆积进行了实际实验和 PFC3D 模拟，对其空隙率和堆积密实情况进行了研究。主要结论如下：

（1）模拟结果和实验结果吻合较好，可以用于对风积沙填充效应的研究。在风积沙取代率为 0～40％范围内，以粗砂河砂为研究基础的细集料空隙率整体呈现下降趋势，以中砂河砂为研究基础的细集料空隙率呈现先下降后上升的上开口弧状特征，以细砂河砂为研究基础的细集料空隙率整体呈现上升趋势。

（2）风积沙对不同分级河砂的最优取代率曲线随着细度模数增加呈现略微的 S 形。其中风积沙对粗砂河砂的最优取代率均在 30％以上，对中砂河砂的最优取代率分布在 10％～25％之间，对细砂河砂的最优取代率较低，均低于 10％。

（3）除去风积沙的填充效用对混凝土性能的影响，风积沙的活性效应或形态效应对混凝土性能造成的影响也较为显著。

（4）风积沙颗粒形状在不同取代率情况下对细集料空隙率的影响随着取代率的增加逐渐明显。

2.3　库布齐风积沙在混凝土中的活性效应研究

在实际工程结构中，如果将风积沙单独用作混凝土或砂浆的细集料目前还是有许多需要克服的困难。为推动风积沙混凝土的工程应用，部分学者对风积沙部分取代河砂这种方式的可操作性和科学性进行了研究。研究的焦点主要集中在风积沙的填充效应、形态效应和活性效应[29]。风积沙的填充效应是指风积沙对河砂的部分取代能够有效地改善颗粒的级配，提高细集料的密实度[30]。风积沙的形态效应是指其较河砂更为圆润的颗粒形状会对混凝土的工作性能产生一定的优化效果，同时这种特殊形状对取代后的细集料空隙率有微弱的降低效果[31]。风积沙的活性效应表现在风积沙较普通河砂含有较多的无定形二氧化硅，这些无定形二氧化硅能够与水泥反应生成更多的水化产物，对混凝土内部的孔隙发展以及集料与胶体之间的黏结等造成影响[32-37]。

虽然现有研究成果定性地证实了风积沙活性效应（包括水泥水化产物的变化和由此带来的混凝土内部微观结构的变化）的存在，但是该效应对混凝土力学性能的影响是否存在，若存在其影响程度如何，有无考虑的必要以及工程应用层面的价值等问题研究尚少。为促进风积沙在混凝土中的推广应用，相应的研究工作亟待开展。由于上述的三种效应在风积沙混凝土制作过程中会同时发生，考虑到形态效应对混凝土力学性能的影响微弱，本书只通过设计试验排除风积沙填充效应的影响，定量研究由风积沙活性效应所引起的混凝土抗压强度的变化规律，并根据抗压强度试验结果拟合得到风积沙的活性系数。

2.3.1 试验原材料及试件制作

2.3.1.1 细集料

本书所用的风积沙均采集自库布齐沙漠，其具体筛分情况见表 2.11。河砂采用天然河砂，为了降低其中杂质的影响，对其进行了水洗处理和烘干处理。之后利用标准实验筛和摇筛机对其进行了筛分，并将筛分出的河砂按粒径范围分开进行保存，以供后续试验细集料制备取用。已有研究成果表明，风积沙特有的颗粒形状在一定程度上可以增加取代后细集料的密实度，但是影响微弱，在风积沙取代率达到 40% 时所对应的影响也只有 3% 左右，该影响在混凝土力学性能上的反应会更少，因此本书忽略了风积沙形态效应的影响。

表 2.11　　　　　　　　　　　　　风积沙级配情况

粒径/mm	<0.075	0.075~0.16	0.16~0.315	0.315~0.63	0.63~1.25	1.25~2.5	2.5~4.75
比例/%	8.7	35.3	45.5	10.5	0	0	0

细集料原始级配见表 2.12。保证总质量不变，通过在表 2.12 中原始级配基础上添加相应取代率的风积沙，可以得到取代率变化但级配不变的试验用细集料。表 2.12 中原始级配的计算过程见式（2.9）~式（2.11）。

$$g_n = (a_n - zb_n)/(1-z) \quad 1 \leqslant n \leqslant k \tag{2.9}$$

$$g_n^* = \left(1 - \sum_{n=1}^{n=k} g_n\right) a_k \bigg/ \sum_{n=1}^{n=j-k} a_n \quad 1 \leqslant n \leqslant j-k \tag{2.10}$$

$$G = (g_1 \cdot g_2 \cdots g_k \cdot g_1^* \cdot g_2^* \cdots g_{j-k}^*) \tag{2.11}$$

式中：z 为风积沙取代率；G 为相应取代率下的原始级配；a 为河砂含量，kg/m^3；b 为风积沙含量，kg/m^3；n 为颗粒粒径范围序号（从小到大依次为 1，2，3，4，5，6，7）；k 为风积沙质量不为 0 的颗粒粒径范围个数；j 为河砂质量不为 0 的颗粒粒径范围个数；g 为式（2.9）计算出的原始颗粒占比；g^* 为式（2.10）计算出的原始颗粒占比。

表 2.12   细 集 料 级 配

级配	ID	取代率/%	粒 径/mm							
			<0.075	0.075~0.15	0.16~0.315	0.315~0.63	0.63~1.25	1.25~2.5	2.5~5	>5
原始级配	1	0	4.5	20.8	23.7	18.1	11.4	8.2	10.1	3.2
	2	5	4.28	20.03	22.55	18.5	12	8.63	10.63	3.37
	3	10	4.03	19.19	21.28	18.94	12.66	9.1	11.22	3.55
	4	15	3.76	18.24	19.85	19.44	13.41	9.65	11.88	3.76
	5	20	3.45	17.17	18.25	19.99	14.25	10.25	12.62	4
	6	25	3.1	15.96	16.43	20.63	15.2	10.93	13.46	4.26
	7	30	2.7	14.58	14.35	21.35	16.28	11.71	14.43	4.57
	8	35	2.24	12.99	11.96	22.19	17.54	12.61	15.54	4.92
	9	40	1.7	11.13	9.16	23.16	19	13.66	16.83	5.3
试验级配	1	0	4.5	20.8	23.7	18.1	11.4	8.2	10.1	3.2
	2	5	4.5	20.8	23.7	18.1	11.4	8.2	10.1	3.2
	3	10	4.5	20.8	23.7	18.1	11.4	8.2	10.1	3.2
	4	15	4.5	20.8	23.7	18.1	11.4	8.2	10.1	3.2
	5	20	4.5	20.8	23.7	18.1	11.4	8.2	10.1	3.2
	6	25	4.5	20.8	23.7	18.1	11.4	8.2	10.1	3.2
	7	30	4.5	20.8	23.7	18.1	11.4	8.2	10.1	3.2
	8	35	4.5	20.8	23.7	18.1	11.4	8.2	10.1	3.2
	9	40	4.5	20.8	23.7	18.1	11.4	8.2	10.1	3.2

用于各组试验用细集料制配的电子秤、浅盘、标准试验筛、摇筛机等试验仪器如图 2.23 所示，其中摇筛机可用于对试验细集料的振动摇匀处理，使之更接近于细集料的自然状况。

图 2.23 细集料制配仪器

2.3.1.2 粗集料

粗集料为市场上 0.5~2.5cm 的碎石，为减少试验误差，对其进行了水洗处理和烘干处理。

2.3.1.3 胶凝材料

采用的水泥为 42.5 强度等级普通硅酸盐水泥，减水剂为普通萘系减水剂，减水效率为 18%。

2.3.1.4 试验配合比及制作

各组试件均采用 C40 普通混凝土的配合比作为基准配合比，具体见表 2.13。之后利用该配合比和表 2.12 中的细集料级配进行试件的制作，试件采用 100mm×100mm×100mm 混凝土试块，共 9 组，每组 6 块，共计 54 块。

表 2.13　　　　　　　　　　　混凝土的配合比

砂率/%	水/(kg/m³)	石子/(kg/m³)	砂/(kg/m³)	水泥/(kg/m³)	减水剂/(kg/m³)
30	205	1313.26	393.98	411.28	3.27

2.3.2 试验方案及设备

按照《普通混凝土力学性能试验方法标准》（GB/T 50081—2002）中的要求将制作完成的混凝土试块养护 28d 后，在内蒙古自治区土木工程结构与力学重点实验室进行抗压强度试验并记录数据，之后对其进行 XRD 物相分析。

2.3.2.1 X 射线衍射分析 (XRD)

采用 Empyrean 锐影型号的 X 射线衍射仪对不同取代率下的风积沙混凝土试件进行生成物半定量分析，试验仪器如图 2.24 所示。

测试试样取自抗压强度试验破坏后的混凝土立方体，用研钵将取得的试样研磨成粉末，直至通过 200 目的筛子。真空干燥 24h 后进行试验，试验操作条件如下：CuKa 激光辐射（40kV，100mA）；扫描速率：8°/min；扫描角度 10°～90°。

2.3.2.2 抗压强度测试

在 200t 万能试验机上进行抗压强度试验，试验过程中，将养护完成的试件表面擦拭干净，放在试验机压板上，使试件的承压面与成型面相垂直。启动试验机，加载速率控制在 1.2～1.4MPa/s。加载过程如图 2.25 所示。

图 2.24　X 射线衍射分析仪　　　　　　图 2.25　试件加载图

2.3.3　试验结果及分析

2.3.3.1　风积沙混凝土 XRD 物相分析结果

按照不同的衍射角度标记相应的物相，通过比较特征峰值，可半定量比较物相在水化过程中的变化规律。选取不同风积沙取代率的混凝土试块进行粉磨，各取 5g 粉末作 X 射线衍射矿物分析，5 种混凝土试件的 XRD 图谱如图 2.26 所示。

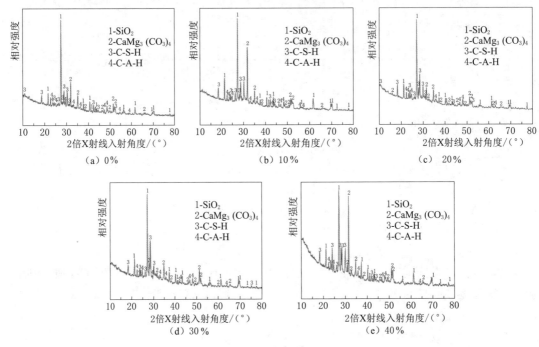

图 2.26　XRD 结果分析

从图 2.26 中可以看出，所有试件 XRD 图谱中各峰的位置基本上保持不变，说明物相的种类没有发生变化。但是通过试件 XRD 图谱间的对比可知，某些峰的相对高度产生了较明显的变化：在 2 倍 X 射线入射角度为 30°和 18.5°等角度时，随着风积沙取代率的增加，标号为 3 的 $CaCO_3$ 水化物的峰相对高度有了逐步的提升，而标号为 4 的 C−A−H 的峰相对高度无明显变化，标号为 2 的 $CaMg_3(CO_3)_4$ 则未呈现明显的规律性。综上，风积沙混凝土中 C−S−H 水化产物含量应该是引起风积沙的活性效应、造成不同风积沙取代率下混凝土力学性能变化的主导因素，究其原因是风积沙较普通河砂含有更多的 SiO_2。

2.3.3.2　抗压强度

如图 2.27 所示是试块的抗压强度随风积沙取代率变化的曲线，抗压强度为每组试块的均值。

从图 2.27 中可以看出，在排除了风积沙对河砂填充效应这一影响因素后，试块抗压强度仍产生了较明显的变化，且这种变化随着风积沙取代率的增加逐渐变大，说明风积沙的活性效应对混凝土抗压强度的影响还是非常显著的。因此，在级配层面上的风积沙对普通河砂的最优取代率不能作为风积沙混凝土取代率确定的唯一指标[30]，活性效应对风积沙混凝土的影响应被充分考虑。如图 2.28 所示为以上数据的拟合曲线。

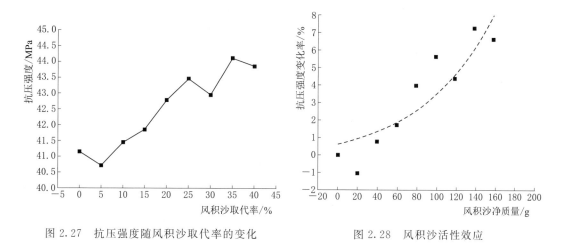

图 2.27 抗压强度随风积沙取代率的变化　　图 2.28 风积沙活性效应

式（2.12）是相应的拟合表达式，其拟合精度在可接受的范围内，可以用来表达本次立方体抗压强度实验的结果。

$$S_{活} = 1.05^{x} - 0.396 \qquad (2.12)$$

式中：$S_{活}$ 为风积沙活性效应系数；x 为风积沙取代率。

图 2.29 是以初始河砂级配为变量的两组试件抗压强度变化曲线。从中可以看出，在排除了风积沙填充效应这一影响因素后，随着风积沙取代率的增加，两组试件抗压强度仍产生了较明显变化且呈现出上升的趋势，说明风积沙对抗压强度的影响还存在其他作用机理。A 级配抗压强度曲线和 B 级配抗压强度曲线虽然初始值相差较大，但其有着相似的发展趋势，说明初始河砂级配的变化对风积沙不同取代率情况下的活性效应影响不明显。

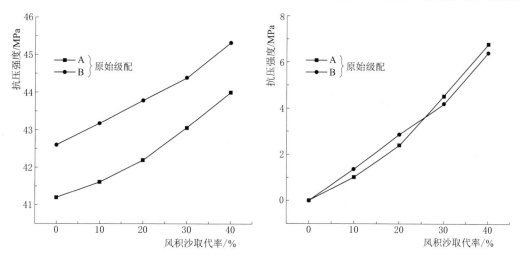

图 2.29 不同初始河砂级配抗压强度的变化

图 2.30 是不同砂率试件随着风积沙取代率变化（取代率控制在 40% 以内）的抗压强度变化曲线。从图中可以看出，随着砂率的增加，试件的抗压强度在风积沙取代率为 0 时有较大的下降，究其原因是试验中所使用的初始河砂粒径较小，比表面积较大，随着砂率

的增大细集料不能被胶体充分包裹[38-40]。随着风积沙取代率的增加，三组试件抗压强度均有明显的上升，在风积沙取代率为 40％时达到最高。随着砂率的增加，抗压强度的改善率有明显的增加。

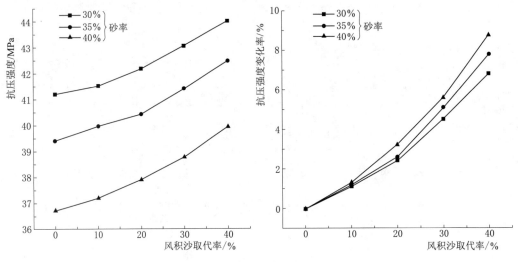

图 2.30　不同砂率抗压强度变化

2.3.4　小结

通过对 9 组混凝土立方体试块抗压强度的测试以及其水泥水化产物的分析，本书对不同取代率情况下的风积沙活性效应进行了研究，主要结论如下：

（1）风积沙的存在会对水泥水化产物的生成造成影响，主要表现在 C－S－H 的增多。

（2）风积沙的活性效应对混凝土抗压强度的影响是存在的且不可忽略的。

（3）在 0～40％风积沙取代率范围内，随着风积沙取代率的增大，其活性效应对混凝土抗压强度的改善有增强的趋势。

2.4　风积沙混凝土应力-应变关系

为更好地研究风积沙混凝土柱的地震损伤性能，选取库布齐沙漠周边（托克托县境内）风积沙作为原材料，制作 24 个标准棱柱体小试块进行轴心抗压强度试验，并通过 DH3818 静态应变采集系统获得小试块的应力-应变关系曲线。最后，对试验实测应力-应变曲线关系进行数据统计与拟合，提出适合本次试验的风积沙混凝土应力-应变关系，其中风积沙取代率范围为 0～30％。

2.4.1　试验方案

2.4.1.1　试块设计

本试验以风积沙取代率 0、10％、20％和 30％为变量，设计 4 个不同配合比试验小组，编号为 ASC－0、ASC－10、ASC－20 和 ASC－30，其中 ASC 为风积沙混凝土英文首字母缩写，数字代表风积沙掺量，每组分别制作 6 个标准棱柱体试块进行轴心抗压强度试验。风积沙掺量为质量分数，即取代相同质量河砂的百分比。

制作风积沙混凝土小试块的原材料分别为冀东水泥厂生产的普通硅酸盐水泥 P. O 42.5R，呼和浩特砂场生产的普通水洗砂，库布齐沙漠周边风积沙（托克托县境内），呼和浩特土默特旗电厂生产的二级粉煤灰，萘系减水剂，自来水等。配置混凝土前，需将粗集料和细集料进行清洗并烘干，以防止试块出现蜂窝麻面，此外，粗集料还应进行筛分处理，粒径范围为 5～20mm。完成上述步骤后，按表 2.14 所示的配合比制作试块，并按要求养护 28d。

表 2.14   风积沙混凝土配合比   单位：kg/m³

材料种类 试块编号	水	石子	河砂	粉煤灰	水泥	减水剂	风积沙
ASC - 0	205	1266.36	492.47	43.62	389.28	3.27	0
ASC - 10	205	1266.36	443.22	43.62	389.28	3.27	49.25
ASC - 20	205	1266.36	393.98	43.62	389.28	3.27	98.49
ASC - 30	205	1266.36	344.73	43.62	389.28	3.27	147.74

2.4.1.2 试验装置与加载方法

本试验在位于内蒙古工业大学的自治区土木工程结构与力学重点实验室完成，主要试验装置为 200t 万能试验机，如图 2.31 所示。

试验开始之前，需将试块平整面朝下摆放，位置居中，并检查应变片与 DH3818 静态应变采集系统以及电脑是否接触良好，确保数据采集灵敏可靠。试验开始后，加载过程中严格控制加载速率，以确保能够准确获得试块应力-应变曲线的下降段。本试验采用位移控制加载，加载速率为 0.001mm/s，直至试块破坏，试验结束。

2.4.2 试验结果

2.4.2.1 应力-应变曲线

数据采集完成后，根据式（2.13）将实测力值转换为应变值。

$$\sigma = F/A \qquad (2.13)$$

式中：F 为轴心抗压力值；A 为小试块受压截面面积。

为了让试验数据表达更加清晰明了，本书对应力-应变曲线数据进行了量纲归一处理，即实测应变值除以最大应变值作为横坐标，实测应力值除以最大应力值作为纵坐标。如图 2.32 所示为 4 组试验的典型应力-应变曲线。

从图中可以看出，风积沙混凝土与普通混凝土应力-应变曲线过程相类似，都可分为弹性阶段、塑性阶段和屈服破坏阶段[43]。在上升阶段，ASC - 0、ASC - 10 和 ASC - 20 三组曲线基本重合，可以说明风积沙取代率

图 2.31 试验装置

为0～20％时，风积沙在弹性阶段和塑性阶段对应力-应变曲线关系的影响不明显；ASC-30应力-应变曲线略高出其他三组，但从整体来看相差不大。

2.4.2.2 应力-应变数学关系

由上述分析可知，风积沙混凝土与普通混凝土应力-应变曲线过程相类似，因此模型化该曲线时，可参考普通混凝土应力-应变曲线方程[44]，将曲线分为上升阶段和下降阶段，并分段拟合曲线方程，见下式。

$$\begin{cases} y = \alpha x + (3 - 2\alpha)x^2 + (\alpha - 2) & (0 \leqslant x < 1) \\ y = \dfrac{x}{\beta(x-1)^2 + x} & (x \geqslant 1) \end{cases} \tag{2.14}$$

式中：α 为风积沙混凝土应力-应变曲线上升段系数，取值见式（2.15）；β 为风积沙混凝土应力-应变曲线下降段系数，一般由数据拟合得到。

$$\alpha = E_0/E_p \tag{2.15}$$

式中：E_0 为轴心抗压强度的一半；E_p 为最大应力值点对应的割线弹性模量。

通过 Origin 数据分析拟合功能，并根据式（2.14）建立数学模型，采用分段拟合，对试验实测数据进行拟合。当 $\alpha = 1.8$，$\beta = 6.5$ 时，拟合曲线与实测应力-应变曲线较为一致，如图 2.33 所示。由文献可知，α 取值范围一般为 1～3，β 取值范围一般为 5～10[45-46]，而本次试验拟合结果符合此取值范围，可以作为风积沙取代率 0～30％ 范围内的风积沙混凝土应力-应变本构数学关系。

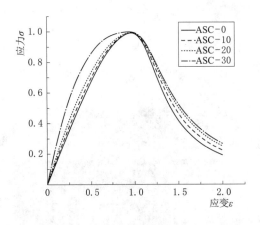

图 2.32　4组试验的典型应力-应变曲线

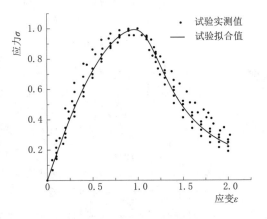

图 2.33　应力-应变拟合曲线

2.4.3 小结

本节选取库布齐沙漠周边风积沙作为原材料，制作 24 个标准棱柱体小试块进行轴心抗压强度试验，并对试验实测应力-应变曲线关系进行数据统计拟合，提出适合本次试验的风积沙混凝土应力-应变本构数学关系。试验结果表明：风积沙取代率范围为 0～30％ 时，风积沙混凝土应力-应变曲线关系与普通混凝土相类似，可参考普通混凝土应力-应变曲线方程，分段拟合其曲线方程，拟合结果与试验实测结果较吻合。

参 考 文 献

［1］ 董伟，申向东.不同风积沙掺量对水泥砂浆流动度和强度的影响［J］.硅酸盐通报，2013，32（12）：1900－1904.

［2］ 李志强，杨森，王国庆，等.古尔班通古特沙漠砂混凝土配合比试验研究［J］.混凝土，2016（9）：92－96.

［3］ 陈俊杰，杨森，李志强，等.沙漠砂混凝土配合比试验研究［J］.混凝土，2016（11）：133－136.

［4］ 卢科周，孙江云，金宝宏.沙漠砂不同取代率对混凝土早期开裂的影响［J］.混凝土，2016（9）：150－152.

［5］ 李志强，杨森，唐艳娟，等.高掺量沙漠砂混凝土力学性能试验研究［J］.混凝土，2018（12）：53－56.

［6］ 刘海峰，马菊荣，付杰，等.沙漠砂混凝土力学性能研究［J］.混凝土，2015（9）：80－83.

［7］ 陈美美，宋建夏，赵文博，等.掺粉煤灰的沙漠沙混凝土力学性能研究［J］.宁夏工程技术，2011，3（1）：61－63.

［8］ 张伟平，罗丹羽，陈辉，等.不同加载速率下钢筋与混凝土间黏结性能试验［J］.中国公路学报，2014，27（12）：58－64.

［9］ 周子健，霍静思，李智.高温下钢筋与混凝土黏结性能试验与分析［J］.建筑结构，2019，49（10）：76－80.

［10］ 贾金青，王树钧，李璐.后掺集料混凝土与钢筋黏结性能的研究［J］.水力发电，2019，45（8）：122－125.

［11］ 刘璐，周一航，付瑞佳，等.500MPa级钢筋在高强混凝土中的锚固性能试验研究［J］.建筑科学，2019，35（5）：83－87，108.

［12］ 周子健，霍静思，金宝.高温后钢筋与混凝土黏结性能试验与损伤机理分析［J］.实验力学，2018，33（2）：209－218.

［13］ 徐有邻，邵卓民，沈文都.钢筋与混凝土的黏结锚固强度［J］.建筑科学，1988（4）：8－14.

［14］ 混凝土结构设计规范：GB/T 50010—2010［S］.北京：中国建筑工业出版社，2010.

［15］ Elipe M G M，López－Querol S. Aeolian sands：characterization，options of improvement and possible employment in construction－the state－of－the－art［J］. Construction and Building Materials，2014，73：728－739.

［16］ 包建强，邢永明，刘霖.风积沙混凝土的基本力学性能试验研究［J］.混凝土与水泥制品，2015（11）：8－11.

［17］ 陈俊杰，杨森，李志强，等.沙漠砂混凝土配合比试验研究［J］.混凝土，2016（11）：133－136.

［18］ 鞠冠男，李志强，王维，等.古尔班通古特沙漠砂混凝土轴心受压性能试验研究［J］.混凝土，2019（4）：33－36.

［19］ 贺业邦，沙吾列提·拜开依，刘吉.基于Dinger－Funk方程的沙漠砂混凝土配合比优化设计研究［J］.混凝土，2018（4）：145－150.

［20］ 何清，杨兴华，霍文，等.库姆塔格沙漠粒度分布特征及环境意义［J］.中国沙漠，2009，29（1）：18－22.

［21］ 刘铮瑶，董治宝，萨日娜，等.巴丹吉林沙漠边缘沉积物粒度和微形态特征空间分异［J］.中国沙漠，2018，38（5）：945－953.

[22] Anderson J L, Walker I J. Airflow and sand transport variations within a backshore – parabolic dune plain complex: NE Graham Island, British Columbia, Canada [J]. Geomorphology, 2016, 77 (1): 17 – 34.

[23] 毛东雷, 蔡富艳, 方登先, 等. 新疆策勒绿洲——沙漠过渡带风沙运动沙尘物质粒径分形特征 [J]. 土壤学报, 2018, 55 (1): 88 – 99.

[24] 霍文, 何清, 杨兴华, 等. 中国北方主要沙漠沙尘粒度特征比较研究 [J]. 水土保持研究, 2011, 18 (6): 6 – 11.

[25] 普通混凝土用砂、石质量及检验方法标准: JGJ 52—2006 [S]. 北京: 中国建筑工业出版社, 2006.

[26] 顾馨允. PFC3D 模拟颗粒堆积体的空隙特性初步研究 [D]. 北京: 清华大学, 2009.

[27] 赵聪敏, 何清, 杨兴华, 等. 巴丹吉林沙漠风沙流输沙沙粒形貌特征分析 [J]. 沙漠与绿洲气象, 2012, 6 (2): 25 – 29.

[28] 王尧鸿, 楚奇, 韩青. 库布齐风积沙对各分级河砂填充效应研究 [J/OL]. 建筑材料学报: 1 – 14 [2020 – 01 – 03]. http: //kns. cnki. net/kcms/detail/31. 1764. TU. 20191207. 1556. 010. html.

[29] 李玉根, 马小莉, 胡大伟, 等. 风积砂掺量对砂浆混凝土性能影响及机理研究 [J]. 硅酸盐通报, 2017, 36 (6): 2128 – 2133.

[30] 蒋晓星, 孙振平, 杨正宏, 等. 风积沙的特性及应用 [J]. 粉煤灰综合利用, 2018 (1): 65 – 69.

[31] 包建强, 邢永明, 刘霖, 等. 风积砂聚丙烯纤维混凝土复合材料的基本力学性能 [J]. 混凝土, 2016 (12): 146 – 150.

[32] 董伟, 吕帅, 薛刚. 风积沙与粉煤灰掺量对混凝土力学性能的影响 [J]. 硅酸盐通报, 2018, 37 (7): 2320 – 2325.

[33] Elipe M G M, Lopez – Querol S. Aeolian sands: Characterization, options of improvement and possible employment in construction – The State – of – the – art [J]. Construction and Building Materials, 2014, 73: 728 – 739.

[34] 李玉根, 马小莉, 胡大伟, 等. 风积砂掺量对砂浆混凝土性能影响及机理研究 [J]. 硅酸盐通报, 2017, 36 (6): 2128 – 2133.

[35] 董伟, 申向东, 林艳杰, 等. 风积沙的掺入对浮石轻集料混凝土性能的影响 [J]. 硅酸盐通报, 2015, 34 (8): 2089 – 2094, 2106.

[36] 董瑞鑫, 申向东, 刘倩, 等. 风积沙混凝土孔隙特征对其强度影响机理的研究 [J]. 硅酸盐通报, 2019, 38 (6): 1901 – 1907.

[37] 刘倩, 申向东, 董瑞鑫, 等. 孔隙结构对风积沙混凝土抗压强度影响规律的灰熵分析 [J]. 农业工程学报, 2019, 35 (10): 108 – 114.

[38] 张佳明, 袁康, 邹蕊月, 等. 沙漠砂陶粒混凝土配合比试验研究 [J]. 硅酸盐通报, 2018, 37 (8): 2621 – 2627.

[39] 张长林. 短切玄武岩纤维混凝土配合比试验研究 [J]. 混凝土与水泥制品, 2018 (3): 48 – 50.

[40] Zhang changlin. Experimental Study on Mix Ratio of Short – cut Basalt Fiber Reinforced Concrete [J]. China concrete and Cement Products. 2018 (3): 48 – 50.

[41] 张宇镭, 党琰, 贺平安. 利用 Pearson 相关系数定量分析生物亲缘关系 [J]. 计算机工程与应用, 2005 (33): 83 – 86, 103.

[42] 刘亭亭, 于晓辉, 吕大刚. 地震动多元强度参数主成分与结构损伤的相关性分析 [J]. 工程力学, 2018, 35 (8): 122 – 129, 137.

[43] 过振海, 时旭东. 钢筋混凝土原理和分析 [M]. 北京: 清华大学出版社, 2003.

[44] 李志强, 王国庆, 杨森, 等. 沙漠砂混凝土力学性能及应力-应变本构关系试验研究 [J]. 应用力学学报, 2019, 36 (5): 1131 – 1137, 1261.

［45］ 陈宗平，周春恒，陈宇良，等.再生卵石集料混凝土力学性能及其应力-应变本构关系［J］.应用基础与工程科学学报，2014，22（4）：763－774.

［46］ 陈宗平，徐金俊，郑华海，等.再生混凝土基本力学性能试验及应力应变本构关系［J］.建筑材料学报，2013，16（1）：24－32.

第3章　普通风积沙混凝土柱地震损伤试验研究

为了推动风积沙资源在框架结构中的科学利用，本书设计、制作了4个不同风积沙取代率下的风积沙混凝土柱试件，对其进行了低周反复荷载试验，研究对比了试验中的各项抗震指标，探究了各试件的地震损伤演化过程，并基于试验结果，建立了风积沙混凝土柱的损伤模型[1]。

3.1　试验用材及试验方法

3.1.1　试件设计

用于低周反复荷载试验研究的试件包括：1根普通钢筋混凝土柱（RC）、3根风积沙钢筋混凝土柱（ARC）。其中风积沙钢筋混凝土柱试件的风积沙取代率分别为10%、20%和30%。所有试件的尺寸相同，截面为250mm×250mm，高度为750mm，剪跨比为3.5。所有试件的配筋形式相同，如图3.1所示。试件编号和所用混凝土配合比见表3.1。

表 3.1　　　　　　　　　　混 凝 土 配 合 比

试件编号	风积沙取代率/%	材 料 种 类/(kg/m³)						
		水	石	河砂	风积沙	粉煤灰	水泥	减水剂
RC	0	205	1266.36	492.47	0	43.62	389.28	3.27
ARC1	10	205	1266.36	443.22	49.25	43.62	389.28	3.27
ARC2	20	205	1266.36	393.98	98.49	43.62	389.28	3.27
ARC3	30	205	1266.36	344.73	147.741	43.62	389.28	3.27

表3.1中河砂细度模数为2.7，属二区砂，风积沙采集于库布齐沙漠。浇筑试件时，每批混凝土预留3块边长为100mm的立方体混凝土块，并在与试件相同的条件下养护。试验前，试件抗压强度严格按照《普通混凝土力学性能试验方法标准规范》（GB/T 50081—2002）的要求进行试验，结果见表3.2。

表 3.2　　　　　　　　　实测混凝土抗压强度　　　　　　　　　单位：MPa

试件	RC	ARC1	ARC2	ARC3
抗压强度	35.7	36.8	38.3	39.2

试件所用钢筋的材料性能见表3.3。用拉伸试验机测定了钢筋的屈服强度和极限强度。测量时，拉伸速度保持在10MPa/s，直至钢材屈服。

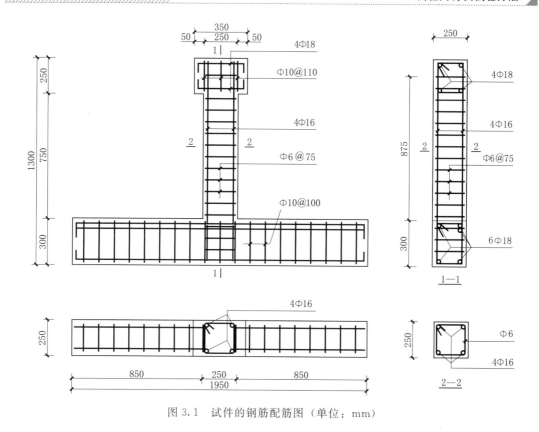

图 3.1　试件的钢筋配筋图（单位：mm）

表 3.3	实测钢筋材料性能	单位：MPa
钢 筋 种 类	屈 服 强 度	极 限 强 度
Φ6	329.1	361.2
Φ16	415.1	448.3

3.1.2　加载装置

试验在内蒙古自治区土木工程结构与力学重点实验室进行，加载装置如图 3.2 所示。装置的垂直承载能力为 20MN，水平承载能力为 6MN。加载装置包括加载架、水平作动器和垂直作动器以及液压控制系统。

3.1.3　加载方案

在试验开始时，垂直作动器首先在试件顶部施加轴力，在整个加载过程中，轴力保持不变（轴压比保持在 0.2），随后通过水平作动器在试样上施加水平载荷。水平荷载采用力-位移混合控制的加载方法。试件屈服前受力控制，载荷以 10kN 的整数倍递增。纵筋的屈服为试件的屈服点，屈服后采用位移控制，位移控制时每次循环的 Δ 为屈服位移 Δ_y 的整数倍[2-4]。当水平载荷降至最大载荷的 85％时，试验终止。具体加载方案如图 3.3 所示。

3.1.4　数据采集

试件的位移测量：在试件加载梁的中心、试件基础的中心、试件墙身的三等分点连接

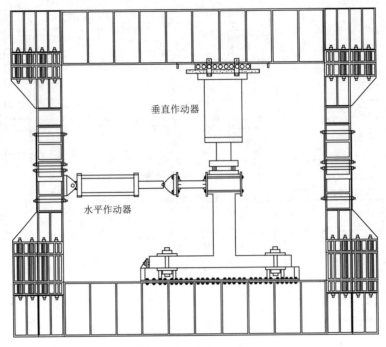

图 3.2 加载架示意图

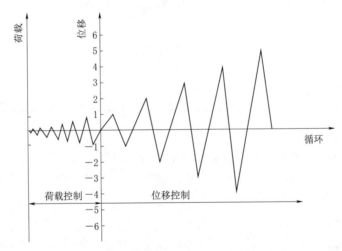

图 3.3 加载方案

了 4 个位移计。位移计连接 DH3816 电脑采集系统，该系统可以自动采集试件数据。通过 DH3816 电脑采集软件系统显示器上显示出的每一时刻的读数，可以计算出试件的位移。试验前，在柱身底部以及纵筋底部贴有应变片，通过以上采集系统可以分析试件内部关键部位的应力-应变变化规律以及柱体裂缝开展的情况。每一级试验加载结束后，采用裂缝测宽仪拍照并记录其裂缝的宽度。规定加载时作动器伸长方向为正，作动器缩短方向为负，并用红黑两种不同的颜色描出正负方向的裂缝。

3.2 试验结果分析

3.2.1 试验现象与破坏过程

3.2.1.1 试件 RC

第一循环，试件未发现裂缝，试件整体处于弹性变形状态。

第二循环，当正向水平荷载达到 21.1kN 时，第一条裂缝出现在受拉区，该裂缝距试件基础梁 120～210mm 范围内，此时试件的位移角为 0.006。此处位移角是指试件每个循环峰值点对应的位移除以试件高度的值。负向加载至 22.6kN 时，在柱子底部出现一条水平裂缝，距离基础梁上表面 52mm。

第三循环，当负向水平荷载达到 30.2kN 时，第二条裂缝出现在试件受拉区，该裂缝距试件基础梁 115～190mm 范围内，由水平斜向下 45°延伸，且由裂缝测宽仪得到，该裂缝长度仅为 5mm，宽度为 0.5～1mm。

第四、五循环，随着水平荷载和循环次数的增加，细小裂缝逐渐增加，但大多数出现在试件底部。当正向水平荷载加载到 50kN 时，试件基础梁与柱体交界处出现新裂缝，该裂缝大致朝水平方向延伸，裂缝宽度为 10～20mm，长度为 28mm。

第六循环，试件进入屈服状态，新产生的裂缝不多，但原有的裂缝扩展明显，大多由水平斜向下 45°向左右两侧延伸，其深度和长度不断增加，柱脚混凝土表面出现剥落现象。试件基础梁与柱体交界处裂缝不断扩展，长度达到 100mm，宽度为 10～20mm。

随着试验的继续，水平裂缝不断扩大和延伸，裂缝数量不断增加。当位移角达到 1/87 左右时，裂缝的发展速率明显加快，部分裂缝与先前出现的裂缝相交。

第七循环，当负向水平荷载达到 71.6kN 时，距试件基础梁 120～210mm 处裂缝扩展明显，宽度达到 16～20mm，长度为 150mm，且由水平斜向下 45°一直延伸到基础梁与柱体交界处。同时，试件基础梁与柱体交界处裂缝继续向水平方向扩展，几乎贯穿整个试件。

第八循环，当正向水平荷载达到 64.6kN 时，试件水平位移已经达到 27.87mm。此时，试件底部两侧混凝土被压碎，剥落现象严重，但试件整体还未完全丧失承载能力。

第九循环，试件底部两侧混凝土剥落严重，暴露出部分纵向钢筋，且水平荷载下降到极限荷载的 85%，此时认为试件整体丧失承载能力，测得试件的破坏位移为 34.20mm。

试验结束后，可以观察到大量混凝土碎片从柱脚剥落，立柱与基础梁交界处有横向贯穿裂缝，一侧的纵向钢筋已被暴露并明显达到屈曲状态。此时，试件的位移角为 0.039，破坏细节如图 3.4（a）所示。

3.2.1.2 试件 ARC1

第一循环，试件未发现裂缝，试件整体处于弹性变形状态。

第二循环，当负向水平荷载达到 21.6kN 时，第一个裂缝出现在试件的底部，此时试件的位移角为 0.0054。该裂缝距试件基础梁 110～190mm 范围内，裂缝宽度为 0.5～1mm，长度为 7mm。

第三循环，当正向水平荷载达到 33.2kN 时，第二条裂缝出现在试件受拉区，该裂缝

| （a）RC | （b）ARC1 | （c）ARC2 | （d）ARC3 |

图 3.4　各试件破坏状态

距试件基础梁 120～220mm，由水平斜向下 45°延伸，且该裂缝长度为 13mm，宽度为0.5～1mm。

第四、五循环，随着水平荷载和循环次数的增加，细小裂缝逐渐增加，多数裂缝集中在立柱底部，角度由水平方向朝斜向下发展。当正向水平荷载加载到 45kN 时，试件基础梁与柱体交界处出现新裂缝，该裂缝大致朝水平方向延伸，裂缝宽度为 8～20mm，长度为 19mm 左右。

第六循环，当正向水平荷载达到 63.79kN 时，试件开始进入屈服状态。原有的裂缝扩展明显，大多由水平斜向下延伸，其深度和长度不断增加，柱脚混凝土表现出剥落现象。试件基础梁与柱体交界处裂缝也在不断扩展，最长裂缝的长度达到 80mm 左右。

第七循环，随着试验的继续，水平裂缝不断扩大和延伸，裂缝数量不断增加，距试件基础梁 120～210mm 处原有裂缝扩展明显，宽度达到 17～20mm，长度为 230mm，且由水平斜向下一直延伸到基础梁与柱体交界处。

第八循环，原有裂缝继续扩展，特别是试件基础梁与柱体交界处裂缝扩展明显，几乎贯穿整个试件底部。此时，试件底部两侧混凝土被压碎，剥落现象严重。但试件整体还未丧失承载能力。

第九循环，试件底部两侧混凝土剥落严重，部分纵向钢筋已经暴露在外，且水平荷载下降到极限荷载的 85%，试件整体丧失承载能力，此时试件破坏位移为 36.73mm。

试件破坏后，可以观察到塑性铰区域的混凝土有较大的变形，柱脚混凝土剥落严重，纵向钢筋暴露并严重屈曲。此时，试件的位移角为 0.042，破坏细节图如图 3.4（b）所示。

3.2.1.3　试件 ARC2

第一循环，试件未发现裂缝，试件整体处于弹性变形状态。

第二循环，当正向水平荷载达到 23.2kN 时，第一条裂缝出现在试件的底部，此时试件的位移角为 0.0054。该裂缝距试件基础梁 120～230mm，裂缝宽度为 0.5～1mm，长度为 13mm。

第二循环，当负向水平荷载达到 28.2kN 时，第二条裂缝出现在试件受拉区，该裂缝距试件基础梁 120～220mm，由水平斜向下延伸，且该裂缝长度约为 7mm，宽度为 1～1.5mm。

第三、四循环，当正向水平荷载达到 43.2kN 时，试件基础梁与柱体交界处出现新裂缝，该裂缝大致朝水平方向延伸，裂缝宽度为 10～20mm，长度为 15mm。

第五、六循环，随着水平荷载和循环次数的增加，原有裂缝不断扩展，但新裂缝产生不多。当正向水平荷载达到 67.63kN 时，试件开始进入屈服状态。此时柱脚混凝土被压碎，开始出现剥落现象。试件基础梁与柱体交界处裂缝也在不断扩展，长度达到 65mm，宽度为 15～25mm。

第七、八循环，试件底部原有裂缝扩展明显，斜向下延伸至基础梁上部。裂缝的发展速率明显加快，相当一部分裂缝与先前出现的裂缝相交。

第九循环，原有裂缝继续扩展，特别是试件基础梁与柱体交界处裂缝扩展明显，贯穿整个试件底部。此时，试件底部两侧混凝土被压碎，剥落现象严重，暴露出部分纵向钢筋。本循环水平荷载下降到极限荷载的 85%，试件整体丧失承载能力，试件的破坏位移为 39.00mm。

试验结束后，可以观察到试验现象基本与试件 ARC1 相似，塑料铰区域的混凝土已被压碎，柱脚混凝土剥落严重，许多混凝土碎片散落在基础梁表面，暴露的纵向钢筋也显示出屈曲状态。破坏细节如图 3.4（c）所示。

3.2.1.4 试件 ARC3

第一循环，试件未发现裂缝，试件整体处于弹性状态。

第二循环，开裂时的正向水平荷载为 24.7kN，第一个裂缝出现在柱体的底部，该裂缝距试件基础梁 150～250mm，裂缝宽度为 2～3.5mm，长度为 11mm，方向水平斜向下约呈 45°角。

第三循环，当正向水平荷载达到 33.7kN 时，第二条裂缝出现在试件受拉区，该裂缝距试件基础梁 100～250mm，由水平斜向下延伸，且该裂缝长度为 14mm，宽度为 2.5～5.5mm。

第四、五循环，当正向水平荷载达到 51.2kN 时，试件基础梁与柱体交界处出现新裂缝，该裂缝大致朝水平方向延伸，裂缝宽度为 10～20mm，长度约为 15mm。

第六循环，当正向水平荷载达到 69.44kN 时，试件开始进入屈服状态。此时柱脚混凝土被压碎，开始出现剥落现象。

第七、八循环，随着水平荷载和循环次数的增加，裂缝逐渐增多，其中试件底部原有裂缝扩展明显，斜向下延伸至基础梁上部。

第九、十循环，原有裂缝继续扩展，特别是试件基础梁与柱体交界处裂缝扩展明显，贯穿整个试件底部。到第十循环，试件底部两侧混凝土被压碎，剥落现象严重，等到水平荷载下降到极限荷载的 85%，此时认为试件整体丧失承载能力，试件的破坏位移为 42.8mm。破坏细节如图 3.4（d）所示。

整体而言，风积沙取代率在 30% 以内时，风积沙混凝土柱试件的损伤速率较对应的普通混凝土柱试件略慢，且随着风积沙取代率的提高，这种现象逐渐明显。

3.2.2　滞回特性

　　试件的滞回特性可以通过试件在低周反复荷载试验中得到的滞回曲线来研究。滞回曲线又称恢复力特性曲线，是恢复力随变形而变化的曲线，它是构件抗震性能分析的基础。各试件的滞回曲线如图 3.5 所示。

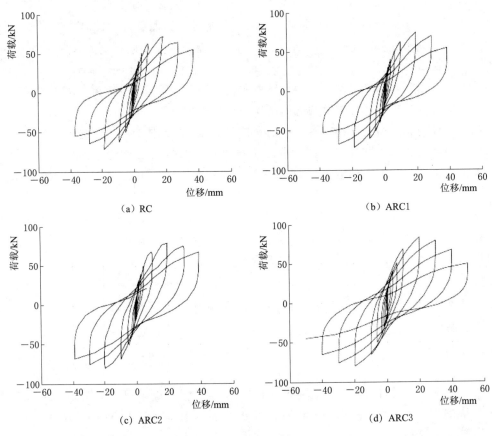

（a）RC　　　　　　　　　　　　　（b）ARC1

（c）ARC2　　　　　　　　　　　　（d）ARC3

图 3.5　试件的滞回曲线

　　由图 3.5 可知，各试件在加载初期曲线接近于一条直线，试件处于弹性状态，基本不存在残余变形。随着水平荷载的增加，滞回曲线的斜率逐渐减小，表明试件的刚度正在下降，并逐渐进入弹塑性阶段；之后，滞回曲线变得越来越饱满，当出现捏缩效应时，表明钢筋发生了滑移。在加载后期，滞回环的面积明显增大，表明试件在此阶段较之前发挥了更大的耗能作用。通过对各试件滞回曲线的比较可以得出，所有滞回曲线的形状类似，试件 ARC3 的滞回曲线较 RC、ARC1、ARC2 均更为饱满，说明风积沙对河砂的部分取代（在 30％取代率范围内）可以在一定程度上增加试件的承载力和耗能能力，具体数值差异将在下文详细讨论。

3.2.3　骨架曲线

　　在滞回曲线中，每次加载所形成的近似闭合环称为滞回环，滞回环卸载起点的包络线即为骨架曲线。本试验各柱试件的骨架曲线如图 3.6 所示。骨架曲线大致可分为弹性阶段、屈服阶段、强化阶段和破坏阶段。在弹性阶段，所有试件的骨架曲线近乎重合。但开裂以后，各试件承载力的差异逐渐扩大。通过该图可知，整个试验过程中，在相同柱顶水平位移的情况下，风积沙混凝土试件 ARC1、ARC2、ARC3 较普通混凝土试件 RC 有更高的水平承载力。结果表明，在 0～30％的取代率范围内，各试件的极限承载力随着风积沙取代率的提高而提高。

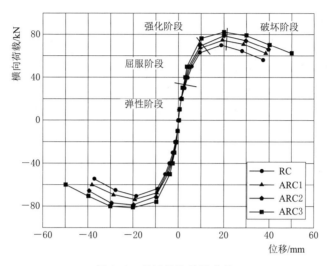

图 3.6　各试件的骨架曲线

3.2.4　特征值

各试件在试验中测得的荷载、位移特征值见表 3.4。表中，F_{cr} 和 Δ_{cr} 分别是试件首次出现裂缝时对应的荷载和位移；F_y 和 Δ_y 分别是试件屈服时对应的荷载和位移；F_{max} 为试件的极限荷载，相对应的极限位移为 Δ_{max}；F_u 为试件的破坏荷载，相对应的破坏位移是 Δ_u；试件的延性系数取为极限位移 Δ_u 与屈服位移 Δ_y 的比值[5]。

表 3.4　　　　　　　　　　　　　试件的荷载、位移特征值

试件编号	F_{cr} /kN	Δ_{cr} /mm	F_y /kN	Δ_y /mm	F_{max} /kN	Δ_{max} /mm	F_u /kN	Δ_u /mm	延性系数
PC1	21.10	1.61	61.40	8.75	71.05	18.58	59.54	34.20	3.91
ARC1	21.60	1.51	63.79	9.25	75.83	19.10	63.56	36.73	4.12
ARC2	23.20	1.64	67.63	9.43	80.85	19.70	68.15	39.00	4.39
ARC3	24.70	1.58	69.44	9.64	82.25	19.94	69.91	42.80	4.52

由表 3.4 可知，随着风积沙取代率的提高，试件 RC、ARC1、ARC2、ARC3 的承载力逐渐增大，变形能力逐步提高。其中，风积沙混凝土试件 ARC3 承载力和变形能力的改善最为明显，与普通混凝土试件 RC 相比，其最大承载力和延性系数分别提高了 17.4％和 13.5％。随着风积沙取代率的提高，试件开裂荷载也有一定程度的提升。以上结果的原因是在一定取代率范围内，风积沙作为超细砂使混凝土内部填充更为均匀，可以适当提高混凝土的抗压强度和抗拉强度。以上结果表明，在 0～30％的取代率范围内，风积沙对

河砂的部分取代可以适度改善试件的承载力和变形能力。但当风积沙取代率更高时，试件的抗震性能还有待进一步研究，这是由于风积沙本身由松散母岩风化而成，自身的强度比河砂略小；此外风积沙虽然可以更好地填充混凝土内部的空隙，但是其比表面积较大，需要的水泥浆量也会大幅度增加，导致混凝土的水泥量相对不足，从而引起混凝土强度的下降[6-7]。

3.2.5　耗能能力

试件的能量耗散可以从两种角度来分析：一是单个滞回环所包围的面积（滞回环包围的面积和其饱满程度反映了结构在地震作用下吸收地震能量的能力）；二是累积耗能，即试验过程中所有滞回环所包围的面积。根据各试件的滞回曲线，可以计算出试件各阶段的等效黏滞阻尼系数 he 和累积耗能[8]，具体见表 3.5。图 3.7 显示了各试件的累积耗能曲线。

表 3.5　　　　　　　　　　　　　试件各阶段的能量耗散情况

试件编号	屈　服　值		极　限　值		破　坏　值	
	累积耗能/(kN·mm)	he	累积耗能/(kN·mm)	he	累积耗能/(kN·mm)	he
RC	894.2	0.0291	2443.1	0.102	7037.64	0.313
ARC1	986.7	0.0312	2571.5	0.111	7830.93	0.327
ARC2	1136.3	0.0328	2884.2	0.127	8635.46	0.345
ARC3	1201.4	0.0335	3011.2	0.139	9528.24	0.357

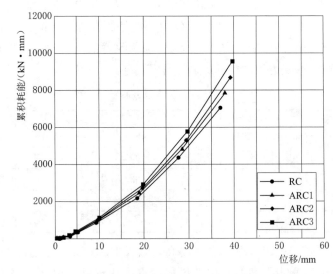

图 3.7　各试件的累积耗能曲线

由表 3.5 可知，随着水平位移的增加，各试件的总能耗在逐渐增加，主要原因是柱脚塑性铰不断发展、钢筋变形增大、受压区混凝土裂缝充分发展等因素产生的耗能作用。通过对各试件数据的对比分析可以看出，风积沙混凝土柱试件 ARC1、ARC2、ARC3 的各项耗能指标均优于普通混凝土柱试件 RC。在破坏阶段，试件 ARC3 的总能量耗散值分别是试件 RC 的 1.35 倍、试件 ARC1 的 1.21 倍、试件 ARC2 的 1.10 倍。随着风积沙取代率的提高，试件的 h_e 值也有逐渐增大的趋势。以上结果表明，风积沙取代率在 0～30% 范围内，风积沙对河砂的部分取代可以提高试件的抗震耗能能力。

3.2.6 刚度退化

在试验过程中，各试件的刚度会随着加载循环次数的增加而降低。通过各试件刚度退化的对比分析，可以看出试件在抗震性能方面的差异。将每个加载循环中的峰值位移除以试样高度来确定试件的位移角，并以位移角为横坐标，以等效刚度退化系数为纵坐标，可以得到试件的刚度退化系数曲线[9]，具体如图 3.8 所示。

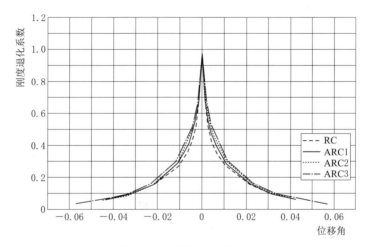

图 3.8　刚度退化系数曲线

通过图 3.8 可知，试件 RC、ARC1、ARC2、ARC3 的刚度退化曲线整体形状相似，刚度随位移和加载循环的增加而逐渐减小。在位移角达到 0.005 之前，各试件刚度退化曲线之间的差异很小，在位移角大于 0.005 后，各试件刚度下降速度之间的差异逐渐明显。在 4 个试件中，试件 ARC3 的刚度退化速度最为缓慢。总体上看，随着风积沙取代率的增加，试件的刚度退化逐渐减缓。以上试验结果表明，在 0～30% 的取代率范围内使用风积沙对河砂进行部分取代可以延缓试件的刚度退化。这是由于在一定取代率范围内，风积沙作为超细砂使混凝土内部填充更为均匀，可以适当提高混凝土的强度，试件的后期刚度储备稍有增加。

3.2.7 损伤模型

结合试验过程中各试件的地震损伤演化过程，本书进一步研究建立风积沙混凝土柱的地震损伤模型。国内外许多学者已在混凝土构件的损伤模型方面进行了大量的研究，并提出了一些适用性较好的损伤模型。本书选取了两种模型来分析风积沙混凝土柱在低周反复荷载作用下的损伤全过程：Roufaiel 和 Meyer 提出的基于刚度的损伤模型，以及 Park - Ang 提出的基于变形和耗能的损伤模型。

3.2.7.1　基于刚度的损伤模型

美国学者 Roufaiel 和 Meyer 修正了基于刚度的损伤模型，数学表达式[10]如下：

$$D = \frac{k_{x,i} - k_y}{k_m - k_y} \tag{3.1}$$

式中：D 为试样的损伤系数；$k_{x,i}$ 为每个圆的最大位移处的割线刚度；k_m 为试件破坏点的割线刚度；k_y 为试件屈服点的割线刚度。该式中表明屈服点的取值对模型有显著影响。在该模型中，当试样未达到屈服点时，认为试样未受损，表明 $D = 0$；当 $D = 1$ 时，表明试样完全失效。各试件采用该损伤模型的损伤系数计算结果如图 3.9 所示。

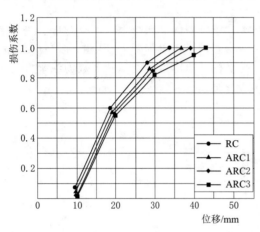

图 3.9　损伤系数的计算值（基于刚度的
损伤模型）

虽然基于刚度的损伤模型计算简单，得到的损伤曲线也能大致反映试件之间的差异，但是该模型假定屈服前损伤条件为 0，这与实际情况不符（在各试件屈服前，可以清楚地观察到许多裂缝）。因此，下文采用双参数模型对试件进行分析。

3.2.7.2　基于变形和耗能的损伤模型

Park-Ang 通过对大量钢筋混凝土梁柱试件试验结果的分析，提出了钢筋混凝土结构的双参数损伤模型，该模型考虑了累积损伤，在地震工程领域有着广泛的应用，其数学表达式[11]如下：

$$D = \frac{X_m}{X_u} + \beta \frac{E_h}{F_y X_u} \tag{3.2}$$

$$\beta = (-0.447 + 0.073\lambda + 0.24n + 0.314\rho_s) \times 0.7\rho_w \tag{3.3}$$

式中：D 为试样的损伤系数；ρ_s 和 ρ_w 为纵向加强和横向加强的比例；n 为轴向荷载；λ 为剪跨比；X_u 为试样的极限位移；X_m 为最大位移；F_y 为试样的屈服力；E_h 为在循环荷载作用下构件的滞回累积能量。该模型中 β 的取值是基于普通钢筋混凝土构件实测数据的回归而得的。为了使模型更准确地描述风积沙混凝土柱的损伤过程，将各试件极限承载力 85% 处的完全破坏点的试验数据代入式（3.2），此时损伤指数 D 的值被确定为 1，根据此 D 值推导 β 系数，调整后的 β 系数如下：

$$\beta = k(-0.447 + 0.073\lambda + 0.24n + 0.314\rho_s) \times 0.7\rho_w \tag{3.4}$$

$$k = 1 - 0.0335a - 1.725a^2 \tag{3.5}$$

式（3.4）中，k 为 β 值的修正系数，通过对试件 ARC1、ARC2、ARC3 与试件 RC 之间的 β 系数差值曲线得到，k 的相关系数为 0.973，误差在可接受的范围内。在式（3.5）中，符号 a 为风积沙取代率。各试件采用该损伤模型的损伤系数计算结果如图 3.10 所示。

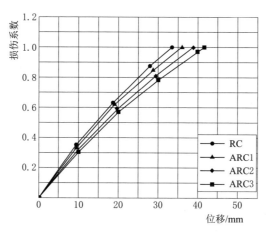

图 3.10　损伤系数（基于变形和耗能的损伤模型）

从图中可知，在相同位移下，各试件损伤指数 D 随着风积沙取代率的提高而降低。这表明，在 0～30％的取代率范围内使用风积沙部分替代河砂可以减缓构件的损伤过程。通过对许多研究结果的综合分析，有学者以定义指标范围的形式给出了不同损伤程度的评价标准[12]，见表 3.6。

表 3.6　　　　　　　　　损 伤 评 价 标 准

损伤程度	微弱损伤	轻微损伤	中等损伤	严重损伤	破坏
D 值	0～0.2	0.2～0.4	0.4～0.6	0.6～0.8	0.8～1.0

3.3　本章小结

本章为研究风积沙混凝土柱的地震损伤性能，设计、制作了 4 个试件（风积沙取代率在 0～30％范围内）并对其进行了低周反复荷载试验。通过对试验结果的分析，研究了各试件的抗震性能和地震损伤演化过程，并对其进行了损伤分析，主要结论如下：

（1）风积沙取代率在 0～30％范围内，使用风积沙作为部分细集料可以适当降低试件在同等荷载和位移条件下的损伤程度。

（2）风积沙取代率在 0～30％范围内，随着取代率的增加，试件的承载力、延性、刚度退化、耗能能力等抗震指标均趋于改善。

（3）使用本书修正的 Park - Ang 损伤模型来分析风积砂混凝土柱试件的地震损伤过程是可行的。

参 考 文 献

［1］ Yaohong Wang，Qi Chu，Qing Han. Experimental study on the seismic damage behavior of aeolian sand concrete columns. Journal of Asian Architecture and Building Engineering ［J］. 2020 （2）. https：//doi. org/10. 1080/13467581. 2020. 1719845.

［2］ 张建伟，李晨，冯曹杰，等. HRB600 级钢筋钢纤维高强混凝土柱抗震性能研究［J］. 建筑结构学报，2019（10）：113 - 121.

［3］ W. Q. Zhu，J. Q. Jia，J. C. Gao，et al. Experimental study on steel reinforced high strength concrete columns under cyclic lateral force and constant axial load［J］. Engineering Strcuctures，2016，125：191 - 204.

［4］ S. S. Zhen，Q. Qin，Y. X. Zhang. et al. Research on seismic behavior and shear strength of SRHC frame columns［J］. Earthquake Engineering and Engineering Vibration，2017，16（2）：349 - 369.

［5］ Mahin S A，Bertero V V. Problems in establishing and predicting ductility in aseismic design［C］. Proceedings of the International Symposium on Earthquake Structural Engineering，St. Louis，USA，1976：613 - 628.

［6］ 付杰，马菊荣，刘海峰. 粉煤灰掺量和沙漠砂取代率对沙漠砂混凝土力学性能影响［J］. 广西大学学报（自然科学版），2015，40（1）：93 - 98.

［7］ 包建强，邢永明，刘霖. 风积沙混凝土的基本力学性能试验研究［J］. 混凝土与水泥制品，2015（11）：8 - 11.

［8］ 建筑抗震试验规程：JGJT 101—2015［S］. 北京：中国建筑工业出版社，2015.

［9］ Y. H. Wang，Z. Y. Gao，Q. Han，L. Feng，et al. Experimental study on the seismic behavior of a shear wall with concrete - filled steel tubular frames and a corrugated steel plate［J］. Structural Desigin of Tall And Special Buildings，2018，27（15）：23 - 31.

［10］ M. S. L. Roufaiel，C. Meyer. Analytical modeling of hysteretic behavior of R/C frames. Journal of Structural Engineering［J］. Earthquake Engineering and Structural Dynamics，1987，113（3）：429 - 434.

［11］ Y. J. Park，A. H. S. Mechanistic Seismic Damage Model for Reinforced Concrete［J］. Journal of structural engineering，1985，11（4）：722 - 739.

［12］ G. Y. Wang. Practical methods of optimum aseismic design for engineering structures and systems［M］. Beijing：China Architecture & Building Press. 1999.

第4章 钢纤维风积沙混凝土柱地震损伤试验研究

现有研究结果表明，钢纤维在混凝土中的桥接作用能有效改善混凝土的抗拉承载力，能有效抑制混凝土裂缝的发展，提高构件的延性，也可以在一定程度上提高构件的承载力。作为一种高弹性模量纤维，钢纤维在断裂时比拔出时具有更高的承载力和拉拔韧性，钢纤维的性能能否被充分利用与混凝土的性能有很大的关系[1]。Gokulnath 等对 0.3%、0.6%、0.9%、1.2% 等不同掺量下的钢纤维混凝土抗弯强度进行了研究，发现钢纤维可以有效地延缓微裂缝和宏观裂缝的扩展[2]。孔祥清等对 BFRP 筋钢纤维再生混凝土梁抗弯性能进行了试验研究，结果表明：BFRP 筋钢纤维再生混凝土梁在达到极限承载力后，其荷载-挠度曲线下降段平滑，表现出较好的延性特征；随着钢纤维体积掺量的增加，BFRP-SFRAC 梁的初裂荷载和极限荷载均有所增加[3]。Muhammad Usman 等设计制作了 39 个高强度混凝土圆柱体，钢纤维体积分数分别为 0.5%、1.5% 和 2.5%，并对样品进行了轴向压缩试验。结果表明，钢纤维的掺入对混凝土的抗压强度影响不大，但能显著改善混凝土的延性，提高混凝土的峰后性能。在混凝土柱中使用钢纤维是非常有益的，因为它不仅提高了混凝土的抗压强度，而且在很大程度上解决了脆性破坏问题[4]。Omar Algassem 研究发现钢纤维的加入可以改善高强混凝土的许多性能，包括抗拉能力、延性、韧性和抗破碎性，其在混凝土梁中的应用可以在一定程度上替代横向钢筋，防止爆炸引起的剪切破坏[5]。

目前，关于钢纤维的研究已经趋近成熟，其在实际工程中已经得到了较为广泛的应用。本书一方面为了探究钢纤维对风积沙混凝土柱抗震性能的影响，另一方面为了促进风积沙混凝土在工程结构中的应用，对 3 根掺入相同体积分数钢纤维的风积沙混凝土柱（SARC）试件进行了低周反复荷载试验，并与第 3 章普通风积沙混凝土柱试件的地震损伤性能进行了对比分析。

4.1 试验用材及试验方法

4.1.1 试件设计

本次试验共设计、制作了 3 个钢纤维风积沙混凝土柱试件，编号分别为 SARC1、SARC2、SARC3，各试件的风积沙取代率分别为 10%、20% 和 30%，钢纤维体积掺量均为 1%。所有钢纤维风积沙混凝土柱试件的尺寸和配筋形式与第 3 章中的普通风积沙混凝土柱试件相同（同批制作、浇筑、养护），试件所用混凝土配合比见表 4.1，该表中所用河砂与风积沙与第 3 章一致。每批钢纤维风积沙混凝土预留 3 块边长为 100mm 的立方体混凝土块，并在与试件相同环境下养护。

表 4.1　　　　　　　　　　　　　　混 凝 土 配 合 比

试件编号	钢纤维掺量/%	风积沙取代率/%	材 料 类 型/(kg/m³)						
			水	石子	河砂	风积沙	粉煤灰	水泥	减水剂
SARC1	1	10	205	1266.36	443.22	49.25	43.62	389.28	3.27
SARC2	1	20	205	1266.36	393.98	98.49	43.62	389.28	3.27
SARC3	1	30	205	1266.36	344.73	147.741	43.62	389.28	3.27

4.1.2　材料性能

钢纤维采用铣削型钢纤维，纤维长度为 38mm，直径为 0.75mm，抗拉强度为 650MPa。钢纤维形状如图 4.1 所示。

根据《普通混凝土力学性能试验方法标准》（GB/T 50081—2002）规定的试验方法对每批混凝土预留的 3 块边长为 100mm 的立方体试块的抗压强度进行测试，所得结果的平均值见表 4.2。

试件所用钢筋的材料性能见表 4.3。用拉伸试验机测定了钢筋的屈服强度和极限强度。测量时，拉伸速度保持在 10MPa/s，直至钢材屈服。

图 4.1　钢纤维的形状

表 4.2　　　　　　实测钢纤维风积沙混凝土的抗压强度　　　　　　单位：MPa

试件	RC	ARC1	ARC2	ARC3	SARC1	SARC2	SARC3
抗压强度	35.7	36.8	38.3	39.2	36.1	38.7	40.1

表 4.3　　　　　　　　　　实测钢筋材料性能　　　　　　　　　　单位：MPa

钢 筋 种 类	屈 服 强 度	极 限 强 度
$\phi6$	329.1	361.2
$\phi16$	415.1	448.3

4.1.3　加载装置

试验在内蒙古自治区土木工程结构与力学重点实验室进行，加载装置如图 4.2 所示。装置的垂直承载能力为 20MN，水平承载能力为 6MN。加载装置包括加载架、水平作动器和垂直作动器以及液压控制系统。

4.1.4　加载方案

在试验开始时，竖向作动器首先在试件顶部施加轴力，在整个加载过程中，轴力保持不变（轴压比保持在 0.2），随后通过水平作动器在试样上施加水平载荷。水平荷载采用力-位移混合控制的加载方法。试件屈服前受力控制，载荷以 10kN 的整数倍递增。纵筋的屈服为试件的屈服点，屈服后采用位移控制，位移控制时每次循环的 Δ 为屈服位移 Δ_y 的整数倍[6-8]。当水平载荷降至最大载荷的 85% 时，试验终止。具体加载方案如图 4.3 所示。

图 4.2　加载架图

4.1.5　数据采集

试件的位移测量：在试件加载梁的中心、试件基础的中心、试件墙身的三等分点连接了 4 个位移计。位移计连接 DH3816 电

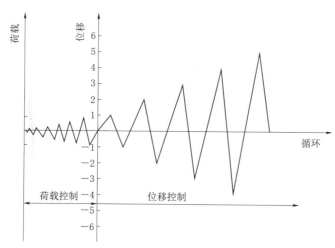

图 4.3　加载方案

脑采集系统，该系统可以自动采集试件数据。通过 DH3816 电脑采集软件系统显示器上显示出的每一时刻的读数，可以计算出试件的位移。试验前，在柱身底部以及纵筋底部贴有应变片，通过以上采集系统可以分析试件内部关键部位的应力-应变变化规律以及柱体裂缝开展的情况。每一级试验加载结束后，采用裂缝测宽仪拍照并记录其裂缝的宽度。规定加载时作动器伸长方向为正，作动器缩短方向为负，并用红黑两种不同的颜色描出正负方向的裂缝。

4.2　试验结果分析

4.2.1　试验现象与破坏过程

4.2.1.1　试件 SARC1

第一、二循环，试件整体处于弹性变形状态，没有发现裂缝出现。

第三循环，当正向水平荷载达到 24.6kN 时，在试件受拉侧的底部及柱子高度约 1/3 处几乎同时出现了裂缝，长度分别为 65mm 和 43mm，宽度分别为 0.65mm 和 0.87mm，呈水平分布。当负向水平荷载达到 26.4kN 时，在距离基础梁上表面 54mm 处出现了一条斜向下的细微裂缝，长度为 34mm，最大宽度为 0.23mm。

第四循环，当正向水平荷载达到 34.8kN 时，试件的受拉侧出现了新的裂缝。该裂缝距地梁上表面约 130mm，先水平方向从边缘开裂，之后斜向下延伸，且该裂缝长度为 75mm，最大宽度为 0.85mm。在正向荷载下，之前出现的裂缝在长度上和宽度上均有一定的发展；当负向水平荷载达到 37.6kN 时，之前出现的细微裂缝有所延长，在塑性铰区域有新的裂缝产生，沿水平方向发展，长度为 67mm，最大宽度为 0.74mm。

第五循环，当正向水平荷载达到 46.0kN 时，有几条细小裂缝在受拉塑性铰区域出现，在荷载逐渐加大的同时，可以听到受压区底部裂缝闭合时的摩擦声；当负向水平荷载达到 50kN 时，先前出现的裂缝有所扩展，且处在距离地梁上表面高度为 50～300mm 范围内的裂缝扩展较为迅速。

第六循环，在正向水平荷载达到 60kN 的过程中，继续有裂缝在混凝土柱受拉侧出现，且出现高度较先前裂缝频发的位置总体有所升高。原有的裂缝扩展明显，大多开始由水平方向转为斜向下延伸，其深度和长度不断增加；有些裂缝末端出现了分叉，两侧的裂缝逐渐交织在一起。随着负向水平荷载的进一步加大，受拉区混凝土的裂缝发展与正向加载时类似。

第七循环，当正向荷载还未达到第七循环的最大值时，裂缝发展迅速，受拉区裂缝最宽处已达到 1.7mm，有贯通裂缝出现，受压区混凝土裂缝出现方向变得无序，边缘新出现的裂缝与之前裂缝的闪电状发散交织在一起。随着荷载的增加，柱顶水平位移快速扩大，纵筋屈服，此时水平荷载为 68kN，试件开始进入屈服状态。负向水平加载时，试验现象与正向加载时类似。

第八循环，变力控制加载方式为位移加载方式，原有裂缝有了较大的发展，特别是试件塑性铰区域及基础梁与柱体交界处最为明显，裂缝末端的闪电状发散裂缝呈现网络状交叉形态，并出现了贯穿裂缝，中部附近的裂缝发展相对缓慢。此时，能听到受压区混凝土被压碎所发出的"咔咔"声，有少许混凝土碎屑剥落，但试件整体承载能力还未有明显减弱的迹象。

第九循环，随着此循环加载的开展，可以观察到裂缝进一步发展，受拉区混凝土因裂缝的充分发展而呈现块状分离形态，支撑在裂缝两边的一些钢纤维可以被观测到。受压区的部分混凝土因压碎而退出工作，整个过程有较大的声响产生。水平荷载有所下降，但试件整体还未完全丧失承载能力。

第十循环，在循环的最后阶段，受压区混凝土被压溃，尤其是从正向变为负向加载后，受压区混凝土产生了大量的剥落，暴露出严重屈曲的纵筋。试件承载力降低到了最高点的 85%，试验结束。

试验结束后，可以观察到塑性铰区域的混凝土有较大的变形和剥落，宽大裂缝处的钢纤维已经退出工作，暴露出的纵筋严重屈曲，箍筋有明显变形。此时，试件的位移角为 0.042，破坏细节如图 4.4（a）所示。

(a) SARC1

(b) SARC2

(c) SARC3

图 4.4 各试件破坏状态

4.2.1.2 试件 SARC2

第一、二循环，试件处于弹性变形状态，没有发现裂缝产生。

第三循环，当正向水平荷载达到 22.7kN 时，在距离地梁顶部 76mm 的部位产生了第一条水平方向的裂缝，长度为 65mm，裂缝最大宽度为 0.33mm。当正向水平荷载达到 24.2kN 时，在距离地梁顶部 147mm 处产生了一条长度为 47mm，宽度为 0.15mm 的裂缝。当负向水平荷载达到 27.5kN 时，第一条裂缝出现在立柱的底部，该裂缝距地梁上表面 212mm，裂缝宽度仅为 0.43mm，长度为 70mm。

第四循环，当正向水平荷载达到 35.2kN 时，试件的受拉区出现一条长为 35mm，宽度为 0.74mm 的裂缝，该裂缝距试件基础梁约 173mm，由水平斜向下约 45°延伸。当负向水平荷载达到 37.8kN 时，之前出现的细微裂缝有所延长，此外在距离地梁上表面 274mm 处有一条新的裂缝产生，主要呈水平方向发展，长度为 58mm，最大宽度为 0.84mm。

第五循环，随着水平荷载的增加，之前出现的裂缝长度有所增加，宽度也有所增大，当正向水平荷载达到 45.6kN 时，在柱子受拉一侧的距地梁上表面 100~300mm 的区域几乎同时出现了三条细小裂缝，长度分别为 65mm、33mm 和 58mm，宽度分别为 0.62mm、0.24mm 和 0.87mm，主要呈水平方向开展。当负向水平荷载达到 48.4kN 时，试件基础梁与柱体交界处出现新裂缝，该裂缝大致朝水平方向延伸，裂缝宽度为 0.74mm，长度为 60mm，之前出现的裂缝有所扩展。本次循环末，裂缝中最大的宽度已经超过了 1mm。

第六循环，当正向水平荷载达到 52.8kN 时，试件的中部出现了一条横向裂缝，长度为 45mm，宽度为 0.19mm。之前出现的裂缝有了较大的延伸，原先由柱子表面水平开裂的裂缝逐渐转变方向，有斜向下发展的趋势，有的在裂缝末端出现了分支。当负向水平荷载达到 57.5kN 时，有一条裂缝出现在距离地梁上表面约 240mm 处，呈水平状分布，长度为 37mm，宽度为 0.45mm。之前负向加载出现的裂缝在这次循环的末期同样也有了一定的发展，发展形势与正向加载时类似。

第七循环，在正向水平荷载加载过程中，既有裂缝逐渐扩大的同时，柱子距离地梁上表面 200～400mm 范围内出现了两条细小裂缝。在正向加载到这一循环的最大力值时，受拉侧最大的裂缝宽度已经扩大到 1.77mm，由正向加载转向负向加载时，原本受拉侧的裂缝逐渐闭合直至被压紧，该过程中可以听到混凝土的闭合摩擦声。在负向加载达到本次循环最大力值时，其受拉侧裂缝已经跨越了试件的中部，宽度已经扩大至 1.59mm。

第八循环，正向水平荷载加载时，原有裂缝继续扩展，特别是距离地梁上表面 20～300mm 范围内的裂缝，长度和宽度增长幅度最大，相比之下试件偏上部位和后出现的裂缝则发展程度较小；受压区裂缝也在此过程中逐渐发展，多为裂缝的闪电状延长、扩展而形成，并逐渐交织成网状布满塑性铰受压区域。当正向水平荷载达到 74.8kN 时，塑性铰区域的裂缝显得不稳定，发展较为迅速，宽度急剧扩大，在应变片采集的信息显示纵筋已经屈服时认为柱试件已经屈服，变荷载控制加载方式为位移控制加载方式。本次负向加载过程中的裂缝发展与正向加载中的裂缝发展有着类似的特征。

第九循环，变荷载控制加载为位移控制加载，原有裂缝有了较大的发展，特别是试件塑性铰区域及基础梁与柱体交界处最为明显，受压区裂缝末端的闪电状发散裂缝呈现网络状交叉形态，并出现了贯通裂缝，试件偏上部位的裂缝相对发展缓慢。加载过程中，能听到受压区混凝土被压碎的"咔咔"声，有些许混凝土碎屑剥落，但试件整体承载能力还未有明显减弱的迹象。

第十循环，正向水平荷载加载至最大位移时，试件的受拉区裂缝均有较大的扩展，最宽处已达到 3.2mm，可以通过裂缝看到混凝土中被拉出的钢纤维。受压区混凝土表面部分被压溃，产生明显的声响，说明此时受压区混凝土也产生着较大的变形。在由正向水平荷载转向负向加载时，网状裂缝附近的混凝土大量剥落，可以说明受压区混凝土的承载能力急剧下降。在负向水平荷载加载至最大位移时，相应的受压区混凝土也产生了显著变形。本次循环中，试件所承担的水平荷载达到最大值。

第十一循环，在本次循环中，出现更多的混凝土剥落，部分明显屈服的纵筋暴露出来，正向最大位移和负向加载最大位移所对应的承载力均低于试件的承载力的 85%，此时认为试件破坏，试验结束。

试验结束后，可以观察到塑性铰区域的混凝土有显著的变形，柱脚混凝土剥落严重，部分纵向钢筋暴露并严重屈曲。此时，试件的位移角为 0.042，破坏细节如图 4.4（b）所示。

4.2.1.3　试件 SARC3

第一、二循环，试件处于弹性变形状态，没有裂缝产生。

第三循环，当正向水平荷载达到 24.7kN 时，柱试件的底部和中部均出现一条裂缝，宽度为 0.17～0.85mm，长度分别为 64mm、45mm，主要呈水平状分布。当负向水平荷载达到 25.4kN 时，试件受拉侧距离地梁上表面约 243mm 处出现了一条长为 76mm 的裂缝，最大裂缝宽度为 0.57mm。

第四循环，当正向水平荷载达到 33.8kN 时，柱子受拉侧混凝土出现了一条新的裂缝，该裂缝距试件基础梁上表面约 135mm，先水平方向发展，后斜向下延伸，该裂缝长度为 76mm,最大宽度为 0.85mm。当正向水平荷载达到本次循环最大即 40kN 时,在距离基础梁上表面 50mm 处出现了一条新的裂缝,水平方向发展,长度为 54mm,最大宽度为 0.97mm。当负向水平荷载达到 37.4kN 时,之前出现的细小裂缝有所延长,在距离基础梁上表面约 294mm 处有一条新的裂缝产生,近似水平方向发展,长度为 68mm,最大宽度为 0.94mm。

第五循环,随着正向水平荷载的增加,之前出现的裂缝长度有所增加,宽度也有所增大,柱体底部出现了一些细小裂缝,由水平状态向斜向下延伸发展。在负向水平加载时,试件基础梁与柱体交界处出现新裂缝,该裂缝大致沿水平方向延伸,裂缝宽度为 0.65mm,长度为 40mm。之前出现的裂缝有所扩展,本次循环结束时,柱体的裂缝最大宽度已经达到了 1.2mm。当负向水平荷载达到 45.6kN 时,在柱子受拉侧的距离基础梁上表面 300～400mm 范围内几乎同时出现了两条细小裂缝,长度分别为 69mm、38mm,宽度分别为 0.74mm、0.44mm,呈水平状开裂,末端向下倾斜。原有的裂缝继续扩展、延长。

第六循环,在正向水平荷载达到 60kN 的过程中,有细小裂缝在混凝土柱受拉侧出现,出现的部位较先前裂缝频发的位置总体有所升高。原有的裂缝扩展明显,大多开始由水平状态转为斜向下延伸,其宽度和长度不断增加,有些裂缝末端出现了分叉,且两侧的裂缝逐渐交织在一起,少许混凝土碎屑从裂缝密集发展处剥落。在正向水平荷载加载到最大值时,受拉区裂缝的最大宽度已经达到 1.5mm。当负向加载至 57.5kN 时,有一条裂缝出现在距基础梁上表面约 240mm 处,呈水平状分布,长度为 37mm,宽度为 0.45mm。之前负向加载出现的裂缝在这次循环中同样有了一定的扩展,扩展形式与正向加载时类似,末端开始斜向下延伸。

第七循环,在正向水平荷载加载的过程中,柱体受拉侧边缘产生的新裂缝较少,但柱身原有的裂缝有了较大的扩展,新的裂缝分支在试件中部以及受压侧混凝土表面出现。在距试件基础梁 50～300mm 处原有裂缝的扩展速度较其他区域的裂缝更快。由正向加载转向负向加载时,原本受拉侧张开的裂缝逐渐闭合,该过程中可以听到混凝土的闭合摩擦声。在负向加载达到本次循环最大力值时,受拉侧裂缝已经跨越了试件中部,最大裂缝宽度已达 1.8mm。

第八循环,原有裂缝继续扩展,特别是塑性铰区域裂缝扩展明显,几乎贯穿整个试件。当正向荷载还未达到第七循环的最大值时,裂缝发展变得迅速,受压区混凝土裂缝出现方向变得无序,试件边缘新出现的裂缝与之前的裂缝闪电状发散交织在一起。随着荷载的增加,柱顶水平位移快速扩大,纵筋屈服,此时水平荷载为 74.8kN,试件开始进入屈服状态。负向水平加载时,试验现象与正向加载时类似,在此过程中,试件底部两侧部分混凝土碎屑掉落,可听到混凝土被挤压变形的声音。

第九循环,变荷载控制加载为位移控制加载,原有裂缝有了较大的扩展,特别是试件塑性铰区域及基础梁与柱体交界处最为明显,受压区裂缝末端的闪电状发散形态转为呈现网络状交叉形态,并出现了贯通裂缝,试件偏上部位的裂缝发展相对缓慢。此时,能听到受压区混凝土被压碎的"咔咔"声,有少许混凝土碎屑剥落,但试件整体承载能力还未有明显减弱的迹象。

第十循环，正向水平荷载加载至最大位移时，试件的受拉区裂缝最宽处已达到 3.4mm，可以通过部分裂缝看到混凝土中被拉出的钢纤维。受压区混凝土表面部分被压碎，产生明显的变形，且伴随着较大的声响。在由正向转向负向加载的过程中，原本受压区的混凝土大量剥落，可以说明受压区混凝土的承载能力急剧下降。在负向加载至最大位移时，相应的受压区混凝土也产生了显著的变形，并逐渐退出工作。本次循环中，试件所承担的水平荷载已经达到了最大值。

第十一循环，在本次循环中，出现更多的混凝土剥落，并堆积在柱脚处，清除混凝土已经压碎部位的碎屑后，可以看到明显屈曲的纵筋，以及部分退出工作的钢纤维。本循环正向水平加载最大位移和负向水平加载最大位移所对应的承载力均低于试件的承载力的 85%，此时认为试件已经破坏，试验结束。试件的破坏细节如图 4.4（c）所示。

综合分析本章钢纤维风积沙混凝土柱试件 SARC1、SARC2、SARC3 和第 3 章所述普通风积沙混凝土柱试件 ARC1、ARC2、ARC3 的损伤演化过程可知，前者的破坏过程经历了更多的加载循环，裂缝的形态与后者相似，但裂缝数量相对较多，裂缝宽度相对较小，裂缝的扩展速度较慢。在相同的荷载和水平位移条件下，钢纤维风积沙混凝土柱试件 SARC1、SARC2、SARC3 与普通风积沙混凝土柱试件 ARC1、ARC2、ARC3 相比，前者的损伤程度更轻；此外由于钢纤维的桥接作用，前者在加载过程中具有较好的可恢复性，虽然裂缝已经贯穿并充分发展，但混凝土剥落情况较轻，钢筋外露较少。

4.2.2　滞回特性

试验中测得各试件的滞回曲线如图 4.5 所示。在滞回曲线中，每个加载所形成的近似闭合环称为滞回环。滞回环卸载起点的包络线为骨架曲线。一般认为滞回环包围的面积和其饱满程度反映了结构在地震中吸收能量的能力。

通过图 4.5 可知，在加载初期各试件的滞回曲线均接近于一条直线，试样处于弹性状态，残余变形很小。随着循环载荷的增加，滞回曲线的斜率逐渐减小，表明试件的刚度正在下降，并逐渐进入弹塑性阶段。随着试验的继续进行，滞回曲线变得趋于饱满，当出现捏缩效应时，表明钢筋发生了滑移。通过和第 3 章普通风积沙混凝土柱试件的滞回曲线相比较可知，当加载方式受荷载控制时，在相同水平荷载作用下，钢纤维风积沙混凝土柱试件的残余变形小于普通风积沙混凝土柱试件；当加载方式为位移控制时，在相同水平位移下，钢纤维风积沙混凝土柱试件的水平承载力明显高于普通风积沙混凝土柱试件。总体上看，钢纤维风积沙混凝土柱试件的滞回曲线更为饱满，这表明钢纤维的掺入可以改善风积沙混凝土柱的抗震耗能能力，究其原因是钢纤维可以延缓混凝土裂缝的开展，同时提高混凝土开裂界面闭合、挤压、摩擦的耗能作用[9-10]。

4.2.3　特征值

试件 SARC1、SARC2、SARC3 的名义屈服位移 Δ_y 同第 3 章用能量等效法获得，其对应的屈服力为 F_y。为方便比较，各钢纤维风积沙混凝土试件和第 3 章普通风积沙混凝土试件的特征值一并在表 4.4 中列出。其中，F_{cr} 和 Δ_{cr} 分别为试样出现第一条裂缝时对应的荷载和位移；F_y 和 Δ_y 分别为试件屈服时对应的荷载和位移；F_{max} 为极限荷载，相

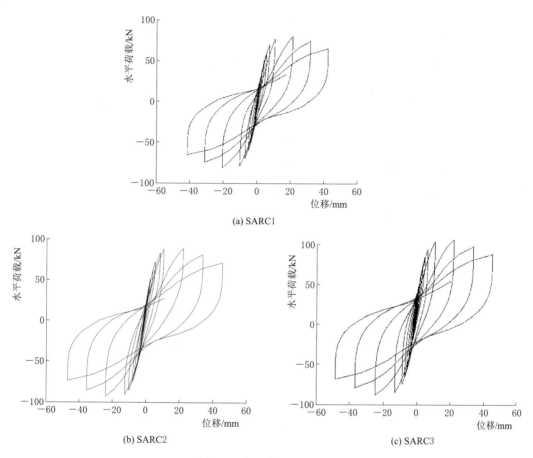

(a) SARC1

(b) SARC2

(c) SARC3

图 4.5 各试件的滞回曲线

应的极限位移为 Δ_{max}；F_u 为试件的破坏荷载；Δ_u 为试件相应的破坏位移。试件的延性系数为极限位移 Δ_u 与屈服位移 Δ_y 的比值[11]。

表 4.4									试件的特征值
试件编号	开裂值		屈服值		极限值		破坏值		延性系数
	F_{cr}/kN	Δ_{cr}/mm	F_y/kN	Δ_y/mm	F_{max}/kN	Δ_{max}/mm	F_u/kN	Δ_u/mm	
RC	21.1	1.61	61.4	8.75	71.05	18.58	59.54	34.20	3.91
ARC1	21.6	1.51	63.79	9.25	75.83	19.10	63.56	36.73	4.12
ARC2	23.2	1.64	67.63	9.43	80.85	19.70	68.15	39.00	4.39
ARC3	24.7	1.58	69.44	9.64	82.25	19.94	69.91	42.80	4.52
SARC1	22.4	1.64	67.40	9.32	80.90	20.70	69.10	39.42	4.23
SARC2	23.1	1.71	71.20	9.45	87.10	21.52	73.35	41.90	4.43
SARC3	22.8	1.65	74.30	9.51	91.80	21.96	78.03	45.80	4.82

由表 4.4 可知，和普通风积沙混凝土柱试件相比，钢纤维风积沙混凝土柱试件的承载力和变形能力有所提高，且这种提升效果随着风积沙取代率的提高有增强趋势：试件 SARC1 的延性系数比试件 ARC1 提高了 6.55%，试件 SARC2 的延性系数比试件 ARC2

提高了 7.26％，试件 SARC3 的延性系数比试件 ARC3 提高了 8.56％。究其原因是在 30％以内的风积沙取代率下，上文所述风积沙的活性效应和填充效应可以适当改善混凝土的力学性能，提高钢纤维与混凝土的黏结性能，使钢纤维的桥接作用得到更充分的发挥[12-13]。由此也可以推断，在保证相同的承载力和变形能力的情况下，钢纤维的加入可以在一定程度上增加风积沙的掺量。

4.2.4　骨架曲线

图 4.6 为钢纤维风积沙混凝土试件 SARC1、SARC2、SARC3 和相对应的普通风积沙混凝土试件（相同风积沙取代率）的骨架曲线比较示意图。通过表 4.4 中各试件的特征值和图 4.6 中各试件的骨架曲线可以看出，3 种不同风积沙取代率下，钢纤维风积沙混凝土试件的水平承载力均较其相应的普通风积沙混凝土试件更高。此外，钢纤维风积沙混凝土试件的极限位移 Δ_u 和破坏位移 Δ_m 之间的差值大于普通风积沙混凝土试件，这表明前者的水平负荷在达到峰值后下降较慢，其原因是掺入钢纤维可以有效地提高混凝土的韧性，抑制裂缝的发展，减缓试件极限点后承载力降低的速率。

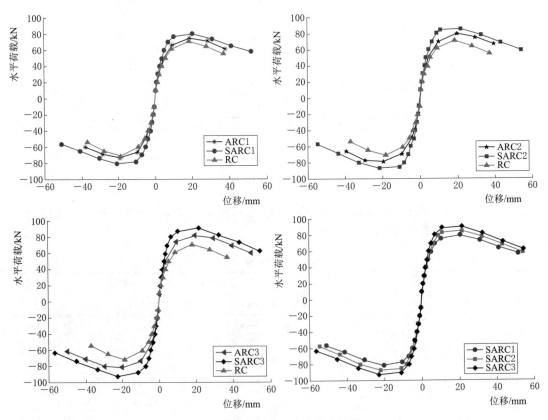

图 4.6　各试件的骨架曲线比较图

4.2.5　耗能能力

根据钢纤维风积沙混凝土试件 SARC1、SARC2、SARC3 的滞回曲线，可以计算出试件各阶段的等效黏滞阻尼系数 he 和累积耗能[14]。为方便比较，各钢纤维风积沙混凝土试件和第3章普通风积沙混凝土试件的耗能计算结果见表4.5。通过表4.5可知，随着水平位移的增加，各试件的总能耗也逐渐增加。钢纤维风积沙混凝土试件在各个试验阶段的耗能能力较普通风积沙混凝土试件都有一定程度的提高，其中，前者在屈服阶段和极限阶段的耗能能力提高更为明显，究其原因是在试件的破坏阶段，裂缝已经充分发展并贯穿试件，塑性铰区域的钢纤维由于拔出或断裂而逐渐退出工作。图4.7为各试件的累积耗能曲线比较图，从该图可知，3个钢纤维风积沙混凝土试件的累积能量消耗均高于相应的普通风积沙混凝土试件（相同风积沙取代率条件下）。在试件加载初期，钢纤维风积沙混凝土试件的耗能值与普通风积沙混凝土试件接近，但随后两者的差值逐渐扩大；随着风积沙取代率的增加，钢纤维对耗能指标的提升效果同样有所加强。

表 4.5　　　　　　　　　　　　　试件各阶段的能量耗散情况

试件编号	屈服阶段		极限阶段		破坏阶段	
	累积耗能/(kN·mm)	h_e	累积耗能/(kN·mm)	h_e	累积耗能/(kN·mm)	h_e
RC	894.20	0.0291	2443.10	0.102	7037.64	0.313
ARC1	986.70	0.0312	2571.50	0.111	7830.93	0.327
ARC2	1136.30	0.0328	2884.20	0.127	8635.46	0.345
ARC3	1201.40	0.0335	3011.20	0.139	9528.24	0.357
SARC1	1517.70	0.0473	3711.20	0.125	9898.12	0.344
SARC2	1737.80	0.0487	4023.10	0.158	11387.64	0.372
SARC3	1905.20	0.0513	4652.70	0.176	12878.37	0.384

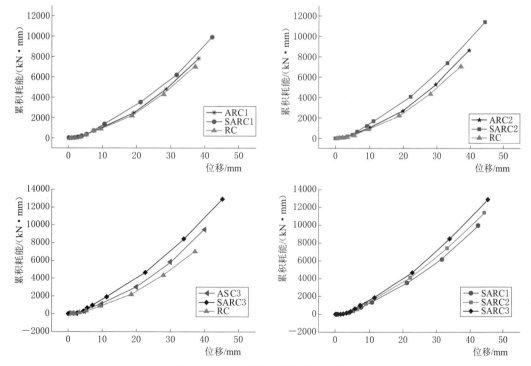

图 4.7　各试件累积耗能曲线比较图

4.2.6　刚度退化曲线

图 4.8 为钢纤维风积沙混凝土试件 SARC 的刚度退化曲线。为方便比较，第 3 章普通风积沙混凝土试件的刚度退化曲线也一并给出[15]。由该图可知，各试件的刚度退化规律相似：试验初期，刚度退化较快，随着试验的进行，刚度退化趋于平缓。通过对各试件刚度退化曲线的对比分析可以看出，试件开裂后，普通混凝土试件的刚度退化最快，钢纤维风积沙混凝土试件的刚度退化最慢。所有钢纤维风积沙混凝土试件的刚度退化速率均低于同等风积沙取代率的普通风积沙混凝土试件，这表明钢纤维的掺入不仅能延缓裂缝的开展，也能够有效地降低刚度退化速率，提高试件进入弹塑性阶段后的稳定性。

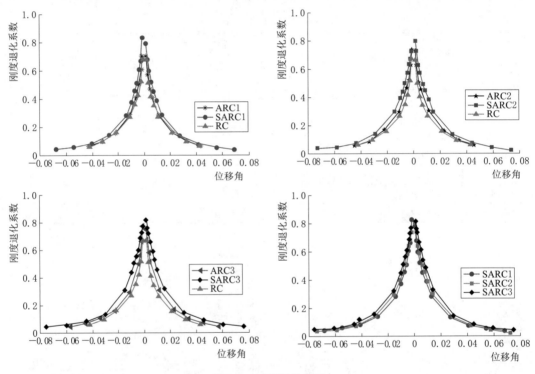

图 4.8　刚度退化曲线

4.3　本章小结

本章通过对 3 个试件的低周反复荷载试验，研究了钢纤维风积沙混凝土柱的地震损伤性能，主要结论如下：

（1）在试验过程中，和普通风积沙混凝土柱试件相比，钢纤维风积沙混凝土柱试件的损伤过程更为缓慢。

（2）在风积沙取代率为 0～30％范围内，钢纤维的掺入可以改善风积沙混凝土柱承载力、变形能力、耗能能力、刚度退化等抗震性能指标；并且随着风积沙取代率的增加，试件中掺入钢纤维后承载力的提高程度有增强的趋势。

参 考 文 献

［1］ 延潇，史庆轩，徐赵东. 钢纤维对混凝土与变形钢筋之间黏结性能试验研究［J］. 湖南大学学报（自然科学版），2020，47（1）：45－52.

［2］ V. Gokulnath，B. Ramesh，R. Raghuraman. Study on the effect of M－sand in self compacting concrete with addition of steel fibers［J］. International Journal of Innovative Technology and Research，2019，11（7）：62－70.

［3］ 孔祥清，韩飞，邢丽丽，等. BFRP筋钢纤维再生混凝土梁抗弯性能试验研究［J］. 玻璃钢/复合材料，2019（11）：5－11，23.

［4］ Muhammad Usman，Syed Hassan Farooq，Mohammad Umair. Axial compressive behavior of confined steel fiber reinforced high strength concrete［J］. Construction and Building Materials，2020（4）：230－238.

［5］ Omar Algassem，Yang Li，Hassan Aoude. Ability of steel fibers to enhance the shear and flexural behavior of high－strength concrete beams subjected to blast loads［J］. Engineering Structures，2019（5）：199－205.

［6］ 张建伟，李晨，冯曹杰，等. HRB600级钢筋钢纤维高强混凝土柱抗震性能研究［J］. 建筑结构学报，2019（10）：113－121.

［7］ W. Q. Zhu，J. Q. Jia，J. C. Gao，et al. Experimental study on steel reinforced high strength concrete columns under cyclic lateral force and constant axial load［J］. Engineering Strcuctures，2016，125（4）：191－204.

［8］ S. S. Zhen，Q. Qin，Y. X. Zhang. et al. Research on seismic behavior and shear strength of SRHC frame columns［J］. Earthquake Engineering and Engineering Vibration，2017，16（2）：349－369.

［9］ 杨子胜，刘盼，王文迪，等. HRB400钢筋与钢纤维再生混凝土黏结性能及影响因素分析［J］. 混凝土与水泥制品，2020（2）：55－59.

［10］ 牛龙龙，王光银，张士萍. 层布式钢纤维对混凝土力学性能影响［J］. 混凝土，2019（12）：107－110.

［11］ Mahin S A，Bertero V V. Problems in establishing and predicting ductility in aseismic design［C］// Proceedings of the International Symposium on Earthquake Structural Engineering，St. Louis，USA，1976：613－628.

［12］ 苏俊，王杰，陶俊林. 粉煤灰钢纤维超高强混凝土抗弯性能试验研究［J］. 建筑技术开发，2019，46（22）：130－131.

［13］ 彭帅，李亮，吴俊，等. 高温条件下钢纤维混凝土动态抗压性能试验研究［J］. 振动与冲击，2019，38（22）：149－154.

［14］ 建筑抗震试验规程：JGJT 101—2015［S］. 北京：中国建筑工业出版社，2015.

［15］ Y. H. Wang，Z. Y. Gao，Q. Han，L. Feng，et al. Experimental study on the seismic behavior of a shear wall with concrete－filled steel tubular frames and a corrugated steel plate［J］. Structural Desigin of Tall And Special Buildings，2018，27（15）：23－31.

第5章 不同配筋风积沙混凝土柱 地震损伤试验研究

配筋的变化对采用新材料的钢筋混凝土构件力学性能的影响被学界广泛重视。尹海鹏等设计并制作了 5 根不同配筋的再生混凝土柱，对其进行了低周往复荷载试验。试验结果表明，再生混凝土柱的承载力、刚度、耗能能力随配筋率的增大而提高；随着配筋率的增大，再生混凝土试件的初始刚度提高比例较开裂刚度和屈服刚度而言较小[1]。张亚齐等对 5 个配箍率不同的再生混凝土短柱进行低周往复试验研究，试验结果表明，随配箍率的增大，在一定范围内再生混凝土短柱的延性、承载力、耗能能力均有所提高[2]。郭子雄等对 8 个型钢混凝土柱进行试验研究，结果表明当剪跨比和体积配箍率增大时，构件的变形能力增加；提高配箍率能够延缓纵筋被压屈曲，从而提高试件的承载能力[3]。郑山锁等将剪力墙试件进行单调与低周反复加载试验，结果表明，剪力墙的极限变形和能量耗散能力随边缘箍筋间距减小而增强[4]。Ma Hui 等进行了钢筋混凝土再生混凝土柱抗震性能的试验研究，结果表明，采取适当轴向压缩比和箍筋比的设计可以提高试件的抗震性能[5]。Mounir 等研究了钢筋混凝土柱在不同轴压比和配箍率下的抗震性能，并应用有限元计算机程序 Seismo - Structure 进行了一系列钢筋混凝土柱的分析，试验结果和分析结果之间都取得了良好的一致性[6]。

为研究不同配筋对风积沙混凝土柱地震损伤性能的影响规律，本书在结合现有研究成果的基础上，设计并制作了 5 个不同配筋的风积沙混凝土柱，并对其进行低周往复加载试验，分析了各试件的损伤过程、骨架曲线、滞回曲线、位移延性、刚度退化和抗震耗能能力。

5.1 试验用材及试验方法

5.1.1 试件设计

本次试验设计并制作了 5 个风积沙混凝土柱试件，风积沙取代率均为 20%，主要区别为配筋不同。5 个试件分别为 1 个普通配筋风积沙混凝土试件 ASC1（与第 3 章的试件 ARC2 属同一试件）；2 个加强纵筋的风积沙混凝土试件 ASC2 和 ASC3；2 个加强箍筋的风积沙混凝土试件 ASC4 和 ASC5。各试件尺寸、施工条件、养护条件、加载标准均保持一致，即同批浇筑，同条件养护。

5 个试件的缩尺比例为 1/2，加载梁设计尺寸为 350mm×250mm×250mm，基础梁设计尺寸为 1950mm×250mm×300mm。各试件的总高均为 1300mm，其中柱高 750mm，计算高度为 875mm。截面为方形截面，截面尺寸为 250mm×250mm，剪跨比为 3.5，轴压比为 0.2，混凝土保护层厚度均为 25mm。试件的详细设计参数见表 5.1，具体构造尺寸和配筋如图 5.1 所示。

表 5.1　　　　　　　　　　　各 试 件 的 设 计 参 数

试件编号	ASC1	ASC2	ASC3	ASC4	ASC5
风积沙掺入量/%	20	20	20	20	20
轴压比	0.2	0.2	0.2	0.2	0.2
剪跨比	3.5	3.5	3.5	3.5	3.5
纵筋	4Φ16	8Φ16	8Φ20	4Φ16	4Φ16
配筋率纵筋/%	1.20	2.30	3.50	1.20	1.20
箍筋	Φ6@75	Φ6@75	Φ6@75	Φ8@70	Φ10@70
箍筋配筋率/%	0.60	0.60	0.60	1.00	1.40

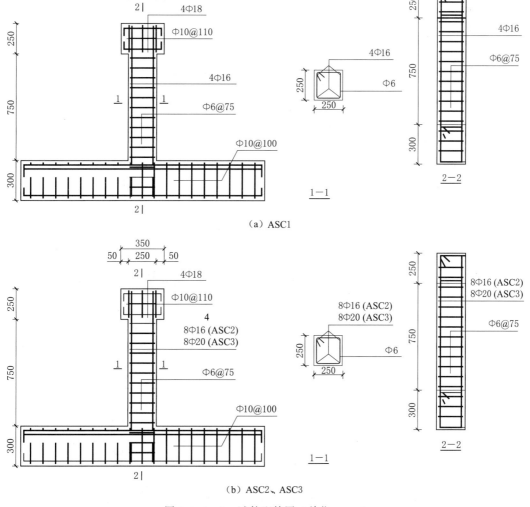

（a）ASC1

（b）ASC2、ASC3

图 5.1（一）　试件配筋图（单位：mm）

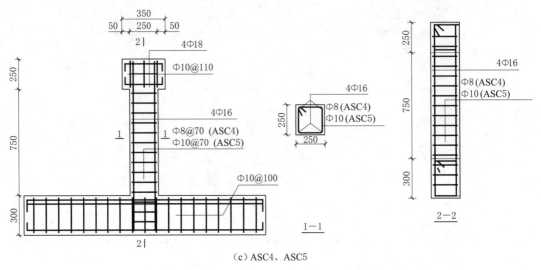

（c）ASC4、ASC5

图 5.1（二）　试件配筋图（单位：mm）

5.1.2　试件制作及材料性能

各试件的混凝土强度等级均为 C35，试验所采用的风积沙取自库布齐沙漠的周边，普通砂为天然水洗砂，石子为呼和浩特市大青山青石子，采用建材 42.5 标号水泥，粉煤灰取自呼和浩特市金川电厂，采用萘系减水剂。钢筋主要有直径为 16mm 和 20mm 的热轧带肋钢筋，箍筋采用直径为 6mm、8mm 和 10mm 热轧带肋钢筋。钢筋的屈服强度为 400MPa。

试件在室外进行钢筋的绑扎，焊接和模板的制作，浇筑后在标准条件下养护 28d。同期预留 100mm×100mm×100mm 立方体混凝土试块，与试件在相同环境条件下养护，用以测定混凝土的强度与弹性模量。混凝土的设计配合比见表 5.2，力学性能见表 5.3，钢筋的力学性能见表 5.4。

表 5.2　　　　　　　　　　混　凝　土　配　合　比　　　　　　　　　单位：kg/m³

材料类型	水	石子	普通砂	风积沙	粉煤灰	水泥	减水剂
掺配量	205	1266.36	393.98	98.49	43.62	389.28	3.27

表 5.3　　　　　　　　　　混凝土的力学性能实测值　　　　　　　　　　单位：MPa

试　件　编　号	$f_{cu,t}$	试　件　编　号	$f_{cu,t}$
ASC1	38.3	ASC4	35.6
ASC2	40.7	ASC5	37.1
ASC3	36.2		

表 5.4　　　　　　　　　　钢筋的力学性能实测值　　　　　　　　　　单位：MPa

钢筋类型	屈服强度 f_y	极限强度 f_u	钢筋类型	屈服强度 f_y	极限强度 f_u
D6	412.5	542.6	D16	403.1	534.7
D8	426.4	533.7	D20	432.8	541.4
D10	439.5	562.1			

5.1.3 加载方案及测试内容

5.1.3.1 加载装置

试验在内蒙古自治区土木工程结构与力学重点实验室进行，采用悬臂柱模型对风积沙混凝土柱试件进行低周反复加载。加载装置如图 5.2 所示。加载装置包括：2000kN 加载架，水平及竖向作动器，油压控制系统。竖向荷载通过竖向作动器施加，竖向作动器和加载架由滚动支座连接；水平荷载由水平作动器施加。

5.1.3.2 加载制度

本试验采用荷载与位移联合控制的加载方式。设定拉伸方向为正，推压方向为负。试验轴压比为 0.2，加载点位于顶梁高度的中心点，距离地梁表面 875mm，加载时在水平加载侧表面焊接垫设和顶梁截面尺寸相同的"工"字形加载梁以避免应力集中现象。地梁两端由厚度为 25mm

图 5.2　试验加载装置示意图

的钢板和高强螺栓固定，可以有效抑制地梁在加载过程中产生滑移和翘起。加载时，首先通过竖向千斤顶在顶梁表面中心施加恒定竖向荷载，然后采用水平千斤顶施加水平低周反复荷载，直至试件加载至破坏。

试件屈服前，采用荷载控制加载，加载荷载级数为 10kN；继续加载至试件屈服后，采用位移控制加载，控制加载位移取屈服位移的整数倍，持续加载直至试件破坏或荷载下降至峰值荷载的 85% 时停止。整个试验过程中，均保持加载和卸载速度为恒定一致，用以确保试验数据的准确性与稳定性[7-9]。

5.1.3.3 测点布置及测试内容

分别在顶梁高度中点处，柱身中点处和柱底设置位移计，用来测量顶梁水平位移和柱身位移。3 个位移计均与 DH3816 静态采集仪相接。DH3816 系统可以每 5s 进行一次自动监测与收集，因此可以实现试验数据的实时自动采集。水平及竖向荷载均与 WTB2116C 多通道测力仪相接，从而实现试验荷载的采集。加载过程中，当到达每级加载的正、负向最大荷载（位移）时，停留 5min，使试件完成充分变形，记录此时的裂缝发展情况，包括：裂缝宽度、长度及角度。分别采用黑色和红色的记号笔来描绘正向和负向裂缝的发展趋势。

5.2　试验结果及分析

5.2.1　试件的破坏过程

5.2.1.1　试件 ASC1

与第 3 章的试件 ARC2 属同一试件，在此不再赘述。

试件的局部破坏图如图 5.3（a）所示，整体破坏图如图 5.4（a）所示。

 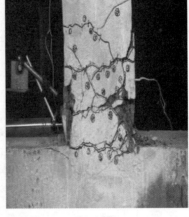

（a）ASC1　　　　　　　　　　　　（b）ASC2

（c）ASC3　　　　　　　（d）ASC4　　　　　　　（e）ASC5

图 5.3　试件局部破坏图

5.2.1.2　试件 ASC2

第四循环，正向荷载值为 32.8kN 时，观测到试件 ASC2 的第一条和第二条裂缝，出现在试件中下部的受拉区，皆呈水平状分布，长度分别为 87mm 和 56mm，宽度分别为 0.12mm 和 0.13mm。正向荷载值达到 36kN 时，试件底部出现一条新裂缝，主要呈水平分布，长度约为 93mm，宽度为 0.13mm。

第四循环，负向荷载值为 16kN 时，试件下部出现新的水平裂缝，长度约为 67mm，宽度为 0.14mm。负向荷载值为 18kN 时，试件中部和底部又各新增一条裂缝，方向大致水平，长度分别为 54mm 和 21mm，宽度分别为 0.16mm 和 0.11mm。

第五循环，正向加载到 18kN 时，试件中部产生一条水平裂缝，方向大致水平，长度约为 43mm，宽度为 0.16mm。

第六循环，正向加载到 18kN 时，试件中部产生水平裂缝，方向大致水平，长度约为

(a) ASC1   (b) ASC2

(c) ASC3   (d) ASC4   (e) ASC5

图 5.4 试件整体破坏图

40mm，宽度为 0.21mm。原有裂缝持续延伸、扩展。

第七循环，正向荷载为 22kN 时，试件的中上部新出现一条水平裂缝，长度约为 37mm，宽度为 0.23mm。该循环持续加载时，原有裂缝继续延伸，主要集中于柱身中下部位，原有裂缝的角度逐渐由水平转变为斜向下延伸。该循环负向加载时，原有裂缝继续延伸、扩展，具体情形同正向加载相似。

第八循环，正向荷载达到 28kN 时，试件中部产生水平裂缝，长度约为 94mm，宽度为 0.12mm，底部原有裂缝继续延伸并彼此交汇。负向加载至 34kN 时，试件下部出现水平裂缝，长度为 31mm，宽度为 0.14mm。负向加载至 38kN 时，试件中部出现裂缝，角度约为 28°斜向下开展，长度约为 67mm，宽度为 0.11mm。

第九循环，加载至正向 35kN 时，试件中下部出现新的水平裂缝，长度为 34mm，宽度为 0.13mm，原有裂缝继续延伸交汇成网状分布。

第十循环，正向加载时，裂缝继续延伸、扩展。负向加载至 56kN 时，试件发出混凝土"咔咔"的破碎声，持续加载后，原有裂缝迅速延伸交汇，试件底部裂缝逐渐趋于贯通。当正向荷载值为 83.7kN 时，试件的中下部开始出现多条斜裂缝，呈斜向下方向延伸。

第十一循环，正向加载时，原有裂缝继续扩展交汇，裂缝宽度的增长速度明显加快。负向加载至 57kN 时，柱身中部产生水平状裂缝，长度约为 87mm，宽度为 0.63mm。

第十二循环，正向荷载达到 75kN 时，试件底部出现斜向下延伸的裂缝，角度约为 35°，宽度为 1.7mm。其他原有裂缝继续快速延伸、扩展，裂缝最宽处达 2.1mm；负向加载时，柱身底部两侧的混凝土裂缝趋于相接贯通。当加载值达到 124.3kN 时，试件的中下部裂缝与底部裂缝不断延伸贯通，伴随混凝土开裂的声响。荷载值为 128kN 时，试件的右下角产生一条宽度为 3.3mm，长度为 48mm 的新裂缝，底部混凝土表皮开始剥落，并伴随着混凝土"咔咔"的破碎声。

第十三循环，荷载值为 131.8kN 时，试件底部右端混凝土大块剥落，裂缝最宽处达 4.0mm；底部左端出现两条新斜裂缝，角度呈斜向上约 45°，其他裂缝均继续扩展。当荷载值达到 144kN 时，试件中下部与底部的裂缝均全部贯通，且宽度明显增加，柱体底部两侧混凝土开始大面积剥落。当荷载值达到 136kN 时，试件中下部出现角度为斜向上 48°的斜裂缝，长度为 113mm。

当试件破坏时，试件底部的混凝土被完全压碎，中下部与底部混凝土大面积掉落，柱身倾斜角度达到 20°。试件的局部破坏图如图 5.3（b）所示，整体破坏图如图 5.4（b）所示。

5.2.1.3　试件 ASC3

第四循环，正向荷载值为 35.4kN 时，在试件的中下部和底端受拉区共出现四条微小裂缝，大致呈方向水平，长度最长为 73mm。

第五循环，正向荷载值达到 20kN 时，柱身中部产生一条斜向下约 45°方向延伸的裂缝，长度约为 87mm。

第六循环，负向加载至 24kN 时，试件中下部出现两条细小裂缝，原有裂缝继续延伸。

第八循环，正向加载时，原本水平延伸扩展的裂缝开始沿着斜向下 30°~45°的方向延伸；负向加载时，试件中下部沿斜向下发展的裂缝与柱底裂缝交汇，裂缝分布趋于均匀。

第十循环，当荷载值为 68.6kN 时，试件的左侧出现两条裂缝，一条大致呈水平分布，另一条斜向下约 30°方向延伸，长度分别为 32mm 和 54mm。随着荷载的不断增加，试件的中下部不断出现裂缝，并持续延伸、扩展。

第十二循环，加载过程中原有裂缝继续扩展，正向荷载达到 45kN 时，试件上部右侧出现一条小裂缝，长度为 46mm，宽度为 0.11mm，大致呈水平方向延伸；正向荷载达到 50kN 时，试件中部偏上出现一条新裂缝，角度呈斜向上约 30°，长度为 83mm，宽度为 0.21mm。负向加载至 50kN 时，试件中上部继续出现类似正向加载时出现的裂缝。

第十三循环，负向加载时，底部裂缝开始曲折延伸。当负向荷载值为 138.5kN 时，试件中部出现两条裂缝，一条呈斜向上 20°，另一条大致呈水平方向，长度分别为 91mm 和 107mm。试件原有的旧裂缝不断延伸、扩展，柱底端两侧裂缝趋于贯通。

第十四循环，负向加载到 60kN 时，试件上部裂缝开始向中部区域延伸，其他裂缝开始斜向延伸、交汇呈网状分布。负向加载到 110kN 时，试件上部继续出现若干斜裂缝，主要呈斜向下分布。当加载到 153.8kN 时，试件的中上部产生三条裂缝，其中两条大致呈水平方向分布，另一条斜向下呈 45°角延伸，最长达 72mm。此时柱的底部裂缝完全贯通，裂缝宽度持续增大，最宽处达 1.3mm。试件中部及中下部裂缝均贯通，根部混凝土部分被压碎剥落。

当试件破坏时，根部的混凝土完全压溃，大面积剥落，暴露出的纵向钢筋严重屈曲，外露箍筋一侧翘起。试件 ASC3 的局部破坏图如图 5.3（c）所示，整体破坏图如图 5.4（c）所示。

5.2.1.4 试件 ASC4

第三循环，正向加载至 43.2kN 时，试件出现第一条可观测裂缝，位于柱身中下部，水平状延伸，长度为 68mm。

第四循环，正向荷载达到 8kN 时，试件底部新出现两条裂缝，呈水平方向分布，长度分别为 75mm 和 83mm，宽度为 0.12mm；负向加载到 12kN 时，在试件底部、中部分别出现裂缝，呈斜向下 30°延伸。

第五循环，正向荷载达到 32.4kN 时，试件底部出现两条裂缝，方向大致水平；中部出现微小裂缝，呈斜向下约 45°角延伸。负向加载到 34kN 时，试件中部及下部产生裂缝，呈斜向下约 60°延伸，原有裂缝不断延伸扩展。负向加载到 38kN 时，出现混凝土开裂声。负向加载到 42.4kN 时，试件下部出现三条裂缝，其中有两条斜裂缝，一条水平裂缝，裂缝最大宽度为 0.21mm。

第六循环，正向荷载达到 20kN 时，柱身中部新出现两条水平裂缝，一条由边缘开展；另一条在腹部开展，最长裂缝为 45mm，最大裂缝宽度为 0.17mm。

第七循环，正向加载时，试件原有裂缝不断扩宽、延伸并相互交汇，且可以不时听到混凝土开裂声；负向加载时，试件中下部出现部分裂缝，最长达 143mm，最大裂缝宽度为 0.83mm，主要呈水平分布。

第八循环，正向加载时，混凝土开裂时发出的"咔咔"声不断增大，裂缝继续扩展、延伸，最大宽度的裂缝处有些许混凝土表皮脱落。负向加载时，原先产生的细小裂缝也开始延伸。负向加载到 65.8kN 时，产生新的斜裂缝，斜向下呈约 45°，长度约为 52mm，宽度为 0.43mm。

第九循环，正向加载到 63kN 时，产生斜向下约 45°的斜裂缝，其他裂缝继续扩展、延伸，混凝土开裂的"咔咔"声愈加明显。正向加载到 95.8kN 时，试件中下部出现多条裂缝，几乎均呈斜向下 60°延伸，根部右侧混凝土开裂向左侧延伸，且混凝土开始出现轻微剥落。

第十循环，正向加载到 105.3kN 时，柱身右部产生斜向下 45°的斜裂缝，宽度为 1.03mm，长度为 38mm，其余裂缝持续扩大，柱身部分混凝土呈小块状剥落。负向加载时，混凝土开裂的"咔咔"声更大，大块混凝土开始由试验初期开展裂缝的部位剥落。

当荷载达到 147.8kN 时，试件中下部裂缝持续扩展，闪电网状分布。柱底左侧裂缝与右侧和地梁裂缝贯通，柱底裂缝最宽处达 5.8mm。

试件破坏时，柱底裂缝最宽达 8.4mm，根部两侧混凝土被压溃剥落，右侧露出的纵筋已经严重屈曲，柱身正面根部箍筋外露且严重屈曲。试件 ASC4 的局部破坏图如图 5.3（d）所示，整体破坏图如图 5.4（d）所示。

5.2.1.5　试件 ASC5

第五循环，正向荷载达到 30.8kN 时，试件中下部产生大致呈水平方向的裂缝，长度约为 86mm；负向加载时试件底部产生多条微小裂缝，最长为 47mm。负向荷载达到 96.6kN 时，试件中下部微小裂缝逐渐延伸，并产生多条斜裂缝，柱底裂缝趋于贯通。

第六循环，正向荷载为 44kN 时，试件右侧距离边缘 30mm 处产生沿斜向上 45°延伸的斜裂缝，且与之前产生的裂缝交汇，宽度为 0.7mm。继续加载至 51.3kN 时，试件中下部产生一条微小裂缝，方向大致水平；加载至 52.5kN 时，继续产生一条新水平裂缝，且与之前产生的裂缝相交汇。

第七循环，正向荷载为 74.4kN 时，试件底部出现两条新的斜裂缝，一条斜向上约 45°延伸，一条斜向上约 30°延伸，混凝土开始发出"咔咔"的开裂声，裂缝最宽处达 2mm。

第八循环，负向加载过程中，柱底裂缝逐渐加宽，底部少许表皮混凝土剥落，柱中部裂缝还是交汇贯通。

试验加载至 138.5kN 时，试件中下部裂缝呈闪电状延展，柱底部裂缝贯通，右侧从柱底向柱中下部约 60°方向延伸出一条长为 56mm 的裂缝。新出现的裂缝主要集中在试件中下部，混凝土"咔咔"破碎声加大，裂缝扩展迅速。

当达到峰值荷载 158.3kN 时，新裂缝产生较少，柱底贯通裂缝加宽至 4.2mm，根部混凝土局部小块剥落。

试件破坏时，根部混凝土完全被压碎，大面积剥落，观测面底端钢筋外露，纵筋严重屈曲。试件 ASC4 局部破坏图如图 5.3（e）所示，整体破坏图如图 5.4（e）所示。

可知，试件 ASC1、ASC2 和 ASC3 相比较而言，试件 ASC1 的裂缝分布相对最为稀疏，随着纵向配筋率的增加，试件的裂缝越来越致密、均匀，这有助于更充分地发挥混凝土材料的耗能作用。此外，在试验过程中可以发现，各试件相比较而言，在同等荷载作用或者同等位移条件下，随着配筋率（包含纵向配筋率和配箍率）的提高，试件的损伤程度趋于减小。

5.2.2　滞回曲线及骨架曲线

试件 ASC1、ASC2、ASC3、ASC4、ASC5 的滞回曲线和骨架曲线如图 5.5 和图 5.6 所示。由图可知，混凝土开裂前，各试件基本处于弹性状态，滞回曲线随着荷载的增大呈直线上升趋势，卸载时基本无残余变形。混凝土开裂后，随着荷载值的不断增大和位移的不断增加，滞回曲线变得弯曲，残余应变逐渐增加，刚度逐渐下降。试件屈服后，水平位移的增长速率远大于水平荷载的增长速率，试件的损伤不断增加，但此时所耗散的地震能量也显著提高。随着加载次数的增加，水平荷载到达峰值荷载后，承载力开始衰减，此时残余应变显著增大。加载末期，位移明显增大，刚度退化迅速，试件损伤严重。当承载力降至极限荷载的 85% 时，认为试件被破坏，试验结束。

通过比较试件 ASC1、ASC2 和 ASC3 的滞回曲线和骨架曲线，可以看到由于混凝土

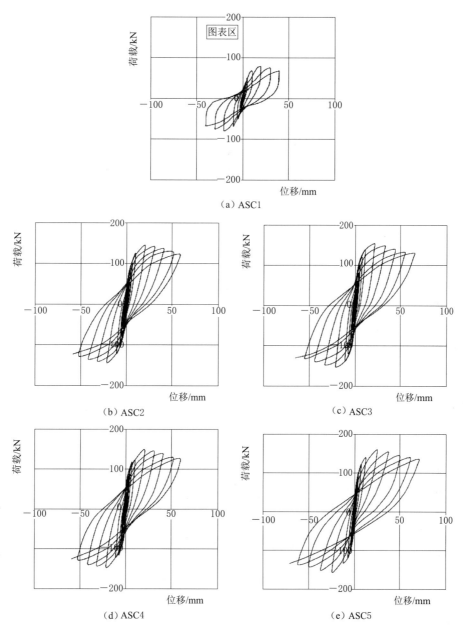

图 5.5　试件的滞回曲线

较早开裂，试件 ASC1 与 ASC2 和 ASC3 试件相比，表现出更明显的捏缩现象，从而导致耗能明显降低，滞回性能较差。随着纵向配筋率的增加，风积沙混凝土柱试件的峰值荷载逐渐增加。

通过比较试件 ASC1、ASC4 和 ASC5 的滞回曲线和骨架曲线，可以看到随着配箍率的增大和箍筋间距的减小，试件 ASC4、ASC5 骨架曲线下降段较为平缓，承载力衰减较为缓慢，峰值荷载较试件 ASC1 明显提高。这是由于增强箍筋可以有效地阻止斜裂缝的开展，从而增强混凝土与钢筋之间的协同工作，使试件有更好的承载力和变形能力。

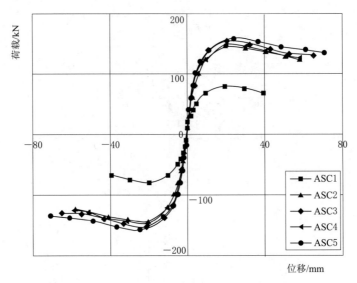

图 5.6　试件的骨架曲线

总体上看，在风积沙取代率为 20% 维持不变时，随着配筋率（包含纵向配筋率和配箍率）的提高，试件的骨架曲线下降变得更为缓慢，滞回曲线更为饱满，表现出更好的抗震耗能能力。

5.2.3　特征值

试验所得各风积沙混凝土柱试件的荷载特征值与位移特征值见表 5.5 和表 5.6。

试件的位移延性系数 μ 计算值见表 5.7，位移延性系数 μ 的定义为

$$\mu = U_u / U_y \qquad (5.1)$$

式中，破坏位移 U_u 为试件破坏或荷载小于峰值荷载的 85% 时所对应的位移；屈服位移 U_y 为试件屈服荷载时所对应的位移[10]。

表 5.5　　　　　　　　　　　　特 征 荷 载 实 测 值

试件编号	开裂荷载 F_{cr}/kN	屈服荷载 F_y/kN	峰值荷载 F_m/kN	破坏荷载 F_u/kN
ASC1	21.8	68.3	79.65	67.7
ASC2	32.8	124.3	144	122.4
ASC3	35.4	138.2	153.8	130.73
ASC4	43.2	121.2	147.8	125.6
ASC5	48.4	133.5	158.3	134.5

表 5.6　　　　　　　　　　　　特 征 位 移 实 测 值

试件编号	开裂位移 U_{cr}/mm	屈服位移 U_y/mm	峰值位移 U_m/mm	破坏位移 U_u/mm
ASC1	0.98	9.85	19.7	39.5

试件编号	开裂位移 U_{cr}/mm	屈服位移 U_y/mm	峰值位移 U_m/mm	破坏位移 U_u/mm
ASC2	1.84	10.19	20.38	58.2
ASC3	2.01	11.02	21.08	65.48
ASC4	1.96	10.23	20.46	58.83
ASC5	2.08	12.26	24.53	70.86

表 5.7 柱 的 位 移 延 性 系 数

试 件 编 号	延 性 系 数 μ	延性系数相对值
ASC1	4.01	1
ASC2	5.71	1.42
ASC3	5.94	1.48
ASC4	5.75	1.43
ASC5	5.78	1.44

由表 5.5～表 5.7 可知，风沙混凝土柱试件均表现出较好的延性。与试件 ASC1 相比，试件 ASC2 和 ASC3 的承载力分别提高了 80.79% 和 93.09%，这 3 个试件的延性系数随着纵向配筋率的提高而显著增长。与试件 ASC1 相比，试件 ASC4 和 ASC5 随着配箍率的提高，其承载力和变形能力有了显著增加。这是因为配箍率大，箍筋间距小，试件边缘约束的加强增加了裂缝面的摩擦咬合力，提高了构件核心截面抵抗斜剪裂缝面滑移的能力，延缓了混凝土的开裂，也有利于试件材料塑性变形能力的充分发挥。总体上看，在风积沙取代率为 20% 维持不变时，加强纵向配筋率和配箍率可以显著提高风沙混凝土柱试件的延性和承载力。这也启发我们，可以进一步考虑在不牺牲试件抗震性能的前提下提高风积沙的取代率，以达到更佳的经济效益和社会效益。

5.2.4 耗能能力

在加载过程中地震能量耗散的大小可以用滞回环的面积来表示，因此各滞回环面积的累加即为试件累积能量耗散的大小[11]。5 个试件累积耗能的试验结果见图 5.7 和表 5.8。通过比较 ASC1、ASC2、ASC3、ASC4、ASC5 各试件的累积耗能可知，试件 ASC1 的耗能能力最小，试件 ASC3 的累积耗能比试件 ASC2 提高了 27.2%，试件 ASC5 的累积耗能比试件 ASC4 提高了 7.3%。以上结果表明，在风积沙取代率为 20% 维持不变时，风积沙混凝土柱的累积耗能随着纵向配筋率和配箍率的增加而增大，也即加强配筋的风积沙混凝土柱在地震中能够吸收更多地震能量，大震中也会体现出更好的耗能效果，有利于实现"小震不坏，中震可修，大震不倒"的抗震设防目标。

5.2.5 刚度退化

刚度退化可以充分反映试件从开裂到塑性变形的损伤过程，刚度退化的快慢也可以反映出试件在地震作用下的后期安全储备情况。试件的割线刚度可按下列公式[12]计算。

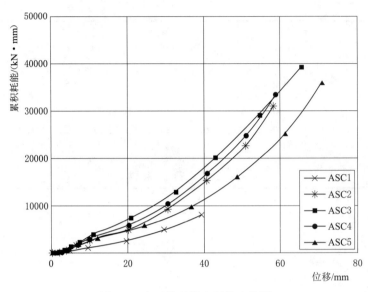

图 5.7　各试件的累积耗能比较图

表 5.8　　　　　　　　　　　　**各试件的累积耗能计算值**

试 件 编 号	累积能量耗散/(kN·mm)	累积能量耗散相对值
ASC1	7918.930	1
ASC2	30929.808	3.91
ASC3	39357.441	4.94
ASC4	33401.500	4.22
ASC5	35833.941	4.53

$$K_i = \frac{|+F_i| + |-F_i|}{|+X_i| + |-X_i|} \tag{5.2}$$

其中，$+F_i$ 为第 i 个加载循环正方向上的峰值点；$-F_i$ 为第 i 个加载循环负方向上的峰值点；$+X_i$ 为第 i 个循环在正方向上的位移；$-X_i$ 为第 i 个循环在负方向上的位移。试验过程中，随着水平位移的增加，每个试件的刚度均在逐步减小，但是减小的快慢并不同。根据每个循环的最大荷载值和最大位移值，即可求出各循环的割线刚度。各试件割线刚度的计算结果见表 5.9（表中 n 为相对值），各试件的刚度退化曲线如图 5.8 所示。

表 5.9　　　　　　　　　　　　**试 件 的 刚 度 退 化**

ASC1		ASC2		ASC3		ASC4		ASC5	
$k_{x,i}$	n	$k_{x,i}$	n	$k_{x,i}$	n	$k_{x,i}$	n	$k_{x,i}$	n
25.35	1	29.85	1	30.3	1	30.07	1	29.4	1
20.4	0.8	27.27	0.91	27.21	0.9	27.4	0.91	28.1	0.96
16.44	0.65	23.31	0.78	24.79	0.82	25.1	0.83	26.43	0.9

ASC1		ASC2		ASC3		ASC4		ASC5	
12.36	0.49	20.13	0.67	22.21	0.73	23.12	0.77	25	0.85
10.34	0.41	17.7	0.59	19.38	0.64	20.66	0.69	22.52	0.77
6.93	0.27	14.99	0.5	15.52	0.51	16.57	0.55	16.59	0.56
4.03	0.16	12.06	0.4	12.55	0.41	11.85	0.39	11.09	0.38
2.55	0.1	7.07	0.24	7.3	0.24	7.22	0.24	6.5	0.22
1.72	0.07	4.61	0.15	4.57	0.15	4.69	0.16	4.17	0.14
—	—	3.34	0.11	3.26	0.11	3.4	0.11	2.95	0.1
—	—	2.51	0.08	2.43	0.08	2.52	0.08	2.26	0.08
—	—	2.1	0.07	2	0.07	2.13	0.07	1.9	0.06

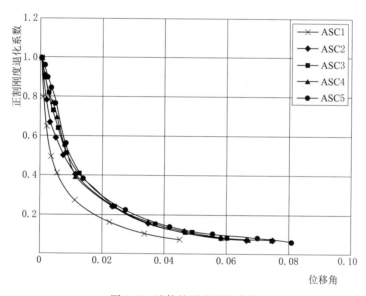

图 5.8 试件的刚度退化曲线

通过比较试件 ASC1、ASC2 和 ASC3 的刚度退化过程，可知试件 ASC1 的刚度退化速度相对最快。这是由于在试验初期，混凝土对试件刚度的贡献很大。试件开裂后，受拉区混凝土部分退出工作，而受拉区钢筋对试件刚度的贡献比例加大。因此，随着纵向配筋率的增加，试件的初始刚度值和开裂刚度值都得到了改善，刚度退化速度也变得更为缓慢。

通过对试件 ASC1、ASC4 和 ASC5 刚度退化过程的比较，可知试件 ASC4 和 ASC5 在加载过程中刚度退化更为缓慢。这是因为加强箍筋对混凝土产生了更有效的横向约束，使得核心混凝土处于更有利的三向受压状态，从而有效提高了构件的初始刚度并延缓刚度退化。

5.2.6　损伤分析

损伤模型可以定量描述结构的破坏程度，是结构抗震性能研究的重要内容之一。本书分别采用基于变形的单参数地震损伤评估模型和基于变形和能量的双参数地震损伤评估模型对试件在低周反复荷载作用下的地震损伤性能进行分析，以期能更好地为风积沙混凝土柱的工程应用提供科学依据。

5.2.6.1　基于变形的单参数 Fajfar 损伤模型

Fajfar 模型[13]从弹塑性变形角度来反映结构或构件的损伤程度。该模型认为损伤是由结构或构件的最大弹塑性变形产生的，表达式为

$$D_1 = \frac{U_m - U_y}{U_u - U_y} \tag{5.3}$$

式中，U_m 和 U_y 分别为结构或构件在循环荷载下的最大弹塑性变形和屈服变形；U_u 为结构或构件在单调荷载作用下的极限变形。该模型虽不能考虑低周疲劳效应，但表达形式简单，应用方便。Fajfar 模型认为在屈服之前，试件处于弹性阶段，损伤可忽略不计。随着循环位移的增加，损伤指标 D_1 逐渐线性增大。当试件承载力下降至峰值承载力的 85% 时，即达到极限位移，此时损伤指标 D_1 达到 1.0，试件宣告破坏。

本书各试件应用式（5.3）计算损伤指标 D_1 的结果见表 5.10。

5.2.6.2　基于变形和能量的双参数损伤模型

地震作用会使结构或构件进行往复运动，且持续时间短暂，所以在地震作用下结构或构件的损伤不仅与最大变形有关，还与其累积损伤有关。因此，仅仅用最大位移来评估结构或构件的损伤，既不能反映其在地震作用下的低周疲劳效应，又不能反映其损伤性能的具体情况。更为合理的是采用变形和累积损伤的双参数模型来评价结构或构件的抗震性能。牛荻涛、任利杰[14]通过实际震害的计算分析，提出了变形和耗能非线性组合的损伤模型：

$$D_2 = \frac{U_m}{U_u} + \alpha \left(\frac{E_h}{E_u} \right)^{\beta} \tag{5.4}$$

式中：U_u 为单调载荷下试件的极限位移；U_m 和 E_h 为在循环载荷下试件的最大位移和累积能量耗散值；α 和 β 为组合系数，反映了变形和耗能对结构破坏的影响。牛荻涛等人通过震害调查分析得到实际结构的破损度，并对上式进行计算得到 $\alpha = 0.1387$、$\beta = 0.0814$。该模型以 U_m / U_u 和 E_h / E_u 分别表示变形和耗能单独引起的结构破损程度，充分考虑到了非线性问题和变形与能量之间的相互关系。但将 α 和 β 代入本书的试件进行计算，可以发现试件的破损程度较实际情况偏大，不太符合试验结果。因此，本书结合试验和试件的具体情况，拟合修正式（5.4）中的组合系数 α 和 β 以符合本试验中的风积沙混凝土柱模型：

$$D_2 = \frac{U_m}{U_u} + 0.067 \left(\frac{E_h}{E_u} \right)^{0.65} \tag{5.5}$$

各试件应用式（5.5）计算损伤指标 D_2 的结果见表 5.10。

表 5.10 损伤指标 D_1 和 D_2 的计算结果

试件标号	配箍率/%	配筋率/%	U_m/mm	E_h/(kN·mm)	D_1	D_2
ASC1	0.6	1.2	19.70	2498.98	0.33	0.53
			29.55	4848.72	0.67	0.80
			39.40	7918.93	1.00	1.00
ASC2	0.6	2.3	20.38	4897.46	0.21	0.37
			30.57	9235.81	0.42	0.56
			40.76	15210.01	0.64	0.74
			50.95	22607.41	0.85	0.93
			61.14	30929.81	1.00	1.00
ASC3	0.6	3.5	21.08	7286.12	0.18	0.35
			32.56	12844.41	0.40	0.53
			43.08	20172.46	0.59	0.70
			54.60	29022.16	0.80	0.89
			66.12	39357.44	1.00	1.01
ASC4	1.0	1.2	20.46	5753.49	0.21	0.37
			30.69	10235.09	0.42	0.55
			40.92	16767.49	0.63	0.74
			51.15	24641.74	0.84	0.92
			61.38	33401.50	1.00	1.04
ASC5	1.4	1.2	24.53	5615.69	0.21	0.37
			36.78	9593.69	0.42	0.55
			48.82	16011.89	0.63	0.74
			61.30	25106.52	0.85	0.93
			73.56	35833.94	1.00	1.05

在表 5.10 中，U_m 为循环载荷中试样的最大位移；E_h 为循环加载中试样的累积能量耗散值；D_1 为式（5.3）的计算结果；D_2 为式（5.5）的计算结果。通过对比可知，D_2 所得数值与试件的试验过程吻合较好。由此可知，本书修正后得到的双参数损伤模型符合实际情况，利用该模型分析风积沙混凝土柱试件的损伤全过程是可行的。

5.3 本章小结

本章通过低周反复荷载试验，对不同配筋风沙混凝土柱试件（风积沙取代率为 20%）的地震损伤性能进行了研究，并在试验研究的基础上建立了适用于该试件的损伤模型。主要结论如下：

（1）提高试件的纵筋配筋率和配箍率后，风积沙混凝土柱损伤过程相似；在同等荷载作用或者同等位移条件下，随着配筋率（包含纵向配筋率和配箍率）的提高，试件的损伤程度趋于减小。

（2）提高纵向配筋率和配箍率可以有效地改善风积沙混凝土柱试件的承载力、延性和耗能能力，并延缓刚度退化的速度。

（3）本书修正后的双参数损伤模型与试验过程吻合较好，可用于不同配筋风积沙混凝土柱试件的地震损伤分析。

参 考 文 献

［1］　尹海鹏，曹万林，张亚齐，等. 不同配筋率的再生混凝土柱抗震性能试验研究［J］. 震灾防御技术，2010，5（1）：99－107.

［2］　张亚齐. 不同配箍率再生混凝土短柱抗震性能试验研究［J］. 建筑结构，2011，41（S1）：272－276.

［3］　郭子雄，林煌，刘阳. 不同配箍形式型钢混凝土柱抗震性能试验研究［J］. 建筑结构学报，2010，31（4）：110－115.

［4］　郑山锁，侯丕吉，李磊，等. RC 剪力墙地震损伤试验研究［J］. 土木工程学报，2012，45（2）：51－59.

［5］　Hui Ma，Jianyang Xue，Xicheng Zhang. Seismic performance of steel－reinforced recycled concrete columns under low cyclic loads［J］. Construction and Building Materials，2013（2）：48－55.

［6］　Mounir，BELKACEM，Hakim，et al. Effect of axial load and transverse reinforcements on the seismic performance of reinforced concrete columns［J］. Structural and Civil Engineering Frontiers，2019（4）：831－851.

［7］　张建伟，李晨，冯曹杰，等. HRB600 级钢筋钢纤维高强混凝土柱抗震性能研究［J］. 建筑结构学报，2019（10）：113－121.

［8］　W. Q. Zhu，J. Q. Jia，J. C. Gao，et al. Experimental study on steel reinforced high strength concrete columns under cyclic lateral force and constant axial load［J］. Engineering Strcuctures，2016，125（4）：191－204.

［9］　S. S. Zhen，Q. Qin，Y. X. Zhang. et al. Research on seismic behavior and shear strength of SRHC frame columns［J］. Earthquake Engineering and Engineering Vibration，2017，16（2）：349－369.

［10］　Mahin S A，Bertero V V. Problems in establishing and predicting ductility in aseismic design［C］. Proceedings of the International Symposium on Earthquake Structural Engineering，St. Louis，USA，1976：613－628.

［11］　建筑抗震试验方法规程：JGJ 101—1996［S］. 北京：中国建筑工业出版社，1997.

［12］　Y. H. Wang，Z. Y. Gao，Q. Han，L. Feng，et al. Experimental study on the seismic behavior of a shear wall with concrete－filled steel tubular frames and a corrugated steel plate［J］. Structural Design of Tall And Special Buildings，2018，27（15）：23－31.

［13］　Fajfar，P. Equivalent ductility factors，taking into account low－cycle fatigue［J］. Earthquake Engineering & Structural Dynamics，2010（10）：837－848.

［14］　牛荻涛，任利杰. 改进的钢筋混凝土结构双参数地震破坏模型［J］. 地震工程与工程振动，1996（4）：44－54.

第6章 内置方钢管风积沙混凝土柱地震损伤试验研究

已有研究结果表明，型钢混凝土结构或构件的承载力高、抗震性能良好，已有大量研究人员进行了相关研究，并在高层建筑结构中推广应用。

曹万林等对型钢混凝土和钢管混凝土柱的关键抗震技术及应用进行综述，并证实经过合理设计，复杂截面钢-混凝土组合巨型柱具有良好的抗震性能[1]。陈宗平等研究了螺旋筋增强外包型钢混凝土柱的偏压力学性能，分析了试件的极限承载力、位移角、延性、耗能能力和刚度退化，结果表明，该柱的滞回曲线较完整，其极限承载力、延性和能量耗散比空腹式型钢混凝土柱和复合螺旋箍筋混凝土柱更高[2]。董正方等通过低周反复荷载试验研究了高轴压比下型钢混凝土柱的抗震性能，结果表明试件的破坏模式为压弯破坏，随着轴压比的增加，型钢混凝土柱的耗能性能和延性逐渐降低[3]。杨勇等提出了部分预制型钢混凝土柱和空心预制型钢混凝土柱，并对十个相关柱试件进行了拟静力试验，研究结果表明，部分预制高强高性能混凝土壳体可与型钢及内部混凝土协同工作；同时由于内部混凝土的存在，前者具有更好的变形能力和耗能能力[4]。聂少锋等研究了方钢管约束型钢混凝土柱-RC 环梁节点的抗震性能，以及试件的含钢量、环梁配筋率和轴压比对节点抗震性能的影响[5]。白国良等通过拟静力试验研究了型钢混凝土异型节点的抗震性能，分析其破坏模式、滞回性能、承载力、刚度退化、耗能能力和延性等指标，并根据试验结果给出了合理的设计建议[6]。马辉等研究了型钢再生混凝土柱的抗震性能，在低周反复荷载下对 3 个具有不同轴压比的试件进行了测试，结果表明型钢的配置有效提高了试件的受力性能[7]。

为促进风积沙混凝土在钢-混凝土组合结构中的应用，本书提出了内置方钢管风积沙混凝土柱，这种新型组合柱由风积沙混凝土、钢筋和内置方钢管组成。通过对不同试件进行低周反复荷载试验和损伤分析，研究了内置方钢管风积沙混凝土柱的地震损伤性能，并在此基础上，建立了该组合柱的损伤模型，用来对其损伤程度进行定量评估。

6.1 试验用材及试验方法

6.1.1 试件设计

保持几何尺寸、剪跨比相同，设计制作 7 个柱试件，编号分别为 PC1、SC1、SC2、SC3、TSC1、TSC2 和 TSC3。其中试件 PC1、SC1、SC2、SC3 分别为第 3 章中的试件

RC、ARC1、ARC2、ARC3，仅仅是编号不同。每一个试件均由加载梁、柱身和基础梁组成，其中试件 PC1 为普通钢筋混凝土柱；试件 SC1、SC2、SC3 为风积沙混凝土柱，风积沙掺量分别为 10%、20% 和 30%；试件 TSC1、TSC2、TSC3 为内置方钢管风积沙混凝土柱，风积沙掺量分别为 10%、20% 和 30%。各试件的主要设计参数见表 6.1。图 6.1 和图 6.2 展示了各试件的几何尺寸和配筋细节。与其他试件不同的是，试件 TSC1、TSC2 和 TSC3 在钢筋笼中间安装有内置方钢管，方钢管几何尺寸为 100mm × 100mm × 1300mm，厚度为 3mm。此外，方钢管上均匀焊接有螺栓焊钉，以提高混凝土与钢材之间的黏结性能，如图 6.3 所示。

表 6.1　　　　　　　　　　　　　　　试 件 具 体 特 征

试件	PC1	SC1	SC2	SC3	TSC1	TSC2	TSC3
轴压比	0.2	0.2	0.2	0.2	0.2	0.2	0.2
剪跨比	3.5	3.5	3.5	3.5	3.5	3.5	3.5
风积沙取代率/%	0	10	20	30	10	20	30
内置方钢管	否	否	否	否	是	是	是

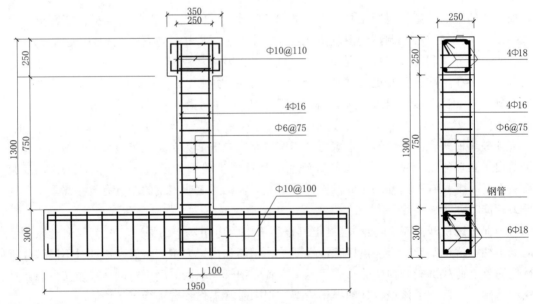

图 6.1　试件的几何尺寸与配筋（1）（单位：mm）

6.1.2　材料性能

混凝土的组成成分和配合比见表 6.2。考虑到风积沙的吸水特性，加入减水剂以降低风积沙的耗水量。按上述配合比配置 150mm×150mm×150mm 立方体混凝土小试块，养护 28d 后，通过压力试验机获得混凝土立方体抗压强度，测得的平均值见表 6.3。

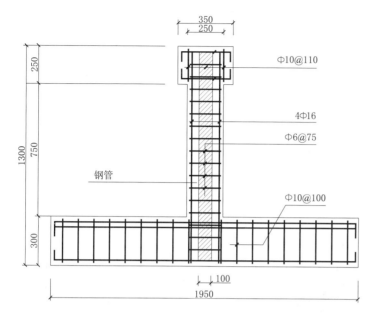
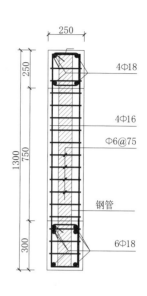

图 6.2　试件的几何尺寸与配筋（2）（单位：mm）

制作钢筋骨架过程中，纵筋采用 HRB335 级钢筋，直径 16mm；箍筋采用 HPB300 级钢筋，直径 6mm。方钢管为 Q235 冷弯型材，空心方钢管，规格为 100mm×100mm×1300mm，壁厚为 3mm。方钢管和钢筋的材料性能见表 6.4。

6.1.3　试件制作

整个试件制作过程可以主要分为三个部分：钢筋骨架绑扎、混凝土浇筑和试件养护。钢筋骨架绑扎阶段，首先备齐钢筋、绑丝、绑钩、电焊机等原材料及设备，按照设

图 6.3　栓钉焊接在方钢管表面

计图纸严格施工。其中，纵筋与箍筋连接处使用绑丝固定，柱体与基础梁节点部分的钢筋除绑丝固定外，还应使用电焊机进行点焊连接，以防止钢筋骨架倾斜或脱落。安装方钢管时，栓钉焊接要做到均匀且牢固，方钢管底部和基础梁连接处使用焊接连接方式。待上述步骤完成后，最后安装加载梁，完成钢筋骨架绑扎，图 6.4 展示了无内置方钢管试件的模板和钢筋骨架。

混凝土浇筑阶段，保证模具制作精确且牢固，易破损处可使用木方加固，以防止出现"胀模"现象。封模后，模具平铺在齐整地面，保证浇筑面不发生倾斜。在整个浇筑过程

表 6.2		混凝土组成成分与配合比			单位：kg/m³
水	石	河砂＋风积沙	粉煤灰	水泥	减水剂
205	1266.36	492.47	43.62	389.28	3.27

表 6.3		混凝土实测抗压强度		单位：MPa
试 件 编 号	抗 压 强 度	试 件 编 号	抗 压 强 度	
PC1	35.7	SC2，TSC2	38.3	
SC1，TSC1	36.8	SC3，TSC3	39.2	

表 6.4	方钢管和钢筋的材料性能		单位：MPa
钢 材	屈 服 强 度	极 限 强 度	
钢管	395.2	431.2	
D6 钢筋	412.5	542.6	
D16 钢筋	403.1	534.7	

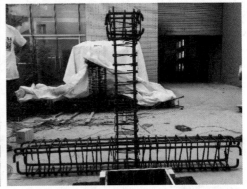

图 6.4 试件模板与钢筋骨架

中，混凝土要保持良好的和易性，不浇筑时间过长或过短。为保证混凝土浇筑充分且密实，浇筑与振捣需同时进行。此外，使用振捣棒深入方钢管内部进行多次振捣，保证方钢管内部的混凝土填充紧密。

待混凝土强度达到一定程度后，可对试件进行拆模，然后进行养护处理。本书对 7 个试件进行同等条件下的自然养护。为防止水分流失和日晒，可将塑料膜和草帘覆盖在模具表面，且每天按时浇水。持续养护 28d，试件制作完成，如图 6.5 所示。

图 6.5 试件制作完成图

6.1.4 加载装置与加载方法

试验在内蒙古自治区土木工程结构与力学重点实验室进行，加载装置示意图如图 6.6 所示。在加载过程中，由 200t 液压千斤顶施加垂直荷载，轴压比为 0.2，轴向压力保持不变，水平低周反复荷载由固定在反力架上的 500kN 电液伺服作动器施加。同时，在立柱的顶部、中部和底部布置了三个 LVDT 位移传感器，用于测量试件的位移。为了方便记录试验过程，规定水平作动器伸

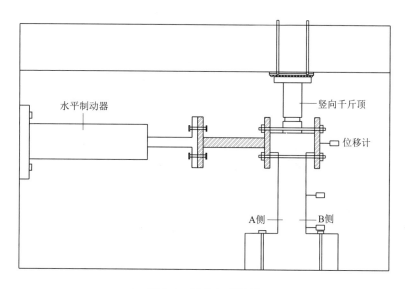

图 6.6 试件加载装置

出时，A 侧受拉，荷载和位移方向为正，水平制动器收缩时，B 侧受拉，荷载和位移方向为负。

本试验采用力和位移混合控制方法。在试件到达屈服阶段之前，采用力控制方法，当试件达到屈服时，采用位移控制方法，位移幅值是屈服位移的整数倍，每级循环次数为 3 次[8-10]。当水平荷载降至最大水平荷载的 85% 时，试验终止，数据由 DH3816 静态应变采集系统自动采集，现场测试装置如图 6.7 所示。

图 6.7 现场加载装置

6.2 试验结果及分析

6.2.1 试件破坏过程

6.2.1.1 试件 TSC1

第一循环，试件未发现可见裂缝，试件整体处于弹性变形状态。

第二循环，开裂时的荷载为 27.5kN，且水平荷载方向为正。第一个裂缝出现在柱体的底部，该裂缝距试件基础梁 100～150mm 范围内，裂缝宽度仅为 0.72mm，长度为 6mm，大致延水平斜向下 28°延伸。

第三循环，当正向水平荷载达到 35.7kN 时，第二条大裂缝出现在试件受拉区 A 侧，该裂缝距试件基础梁 50～150mm，由水平斜向下约 45°延伸，该裂缝长度为 17mm，宽度为 3～5.5mm。

第四～第六循环，随着水平荷载和循环次数的增加，柱体底部 A、B 两侧继续产生细小裂缝，均由水平斜向下延伸，倾斜角度范围为 0～45°。

第七、八循环，当水平荷载达到 89.2kN 时，距试件加载梁底部的 300～350mm 区域内第一次出现可观测裂缝，角度呈斜向下 48°延伸。该裂缝长度为 45mm，宽度范围为 15～30mm。

第九循环，随着水平荷载和循环次数的增加，原有裂缝继续扩展、延伸，并在柱体底部出现许多小裂缝。但与其他无内置方钢管试件不同的是，此试件基础梁与柱体交界处并未出现明显的裂缝。

第十循环，当正向水平荷载达到 101.7kN 时，试件整体进入屈服状态。此时可以观察到，新裂缝不断产生并与原有裂缝交汇，原有裂缝继续扩展、延伸，立柱底部的混凝土开始轻微剥落。

第十一～第十三循环，随着水平荷载和循环次数的增加，柱体底部 A、B 两侧裂缝不断延伸并互相交错，混凝土继续剥落。随后，水平荷载下降到极限荷载的 85%，试件整体丧失承载能力，此时试件破坏位移为 56.34mm。

试验结束时，发现试件底部混凝土具有剥落现象，但是同等荷载或位移条件下剥落程度明显小于试件 PC1、SC1、SC2 和 SC3。破坏细节如图 6.8（a）所示。

6.2.1.2　试件 TSC2

第一循环，试件未发现可观测裂缝，试件整体处于弹性变形状态。

第二循环，当正向水平荷载达到 28.1kN 时，在立柱底部的拉伸区域中会产生一些微小裂缝，大致沿水平方向延伸。裂缝宽度范围为 0.5～1mm，长度最长为 14mm。

第三循环，当负向水平荷载达到 33.7kN 时，第二条裂缝出现在试件受拉区 B 侧，该裂缝距试件基础梁 50～150mm 范围内，由水平斜向下 42°延伸，该裂缝长度仅为 10mm，宽度范围为 2～3.5mm。

第四～第六循环，随着水平荷载和循环次数的增加，柱体底部 A、B 两侧继续产生细小裂缝，均由水平斜向下延伸，倾斜角度范围为 0～47°。

第七、八循环，当水平荷载达到 82.2kN 时，裂缝第一次出现在距试件加载梁底部的 250～350mm 区域内，角度呈斜向下延伸。该裂缝长度为 39mm，宽度范围为 10～15mm。

第九、十循环，随着水平荷载和循环次数的增加，原有裂缝继续扩展，并在柱体底部出现许多小裂缝。当水平荷载达到 102.12kN 时，荷载方向为正时，试件整体进入屈服状态。此时，可以观察到，虽然新的裂缝产生较少，但原有裂缝继续扩展，立柱底部的混凝土开始轻微剥落。距试件加载梁底部三分之一处，即柱体上部区域出现了一些细小裂缝。

第十一～第十三循环，随着水平荷载和循环次数的增加，柱体底部 A、B 两侧裂缝不断延伸并互相交错，混凝土剥落。

直至试验结束，可以观察到与其他部分的裂缝相比，试件下部的裂缝更密集。同时，可发现暴露出的纵向钢筋明显屈曲，此时试件的位移角为 0.0785。破坏细节如图 6.8（b）所示。

 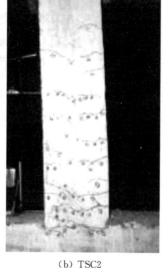 

(a) TSC1   (b) TSC2   (c) TSC3（底部酥碎处已敲碎）

图 6.8　试件破坏细节图

6.2.1.3　试件 TSC3

第一循环，试件未发现可观测裂缝，试件整体处于弹性变形状态。

第二循环，当水平荷载达到开裂荷载 29.5kN 时，在柱下部出现细小而狭窄的裂缝。裂缝宽度范围仅为 0.5～1mm，长度最大为 9mm。

第三循环，当正向水平荷载达到 30.2kN 时，第二条裂缝出现在试件受拉区 A 侧，该裂缝距试件基础梁 100～150mm 范围内，由水平斜向下延伸，且该裂缝长度仅为 7mm，宽度范围为 2～3.5mm。

第四～第六循环，随着水平荷载和循环次数的增加，柱体底部 A、B 两侧继续产生细小裂缝，均由水平斜向下延伸。

第七、八循环，随着荷载的进一步增加，类似于试件 TSC2，在柱的上部形成了一些细小裂缝，角度大致呈水平方向延伸。

第九、十循环，随着水平荷载和循环次数的增加，原有裂缝继续扩展，并在柱体底部出现许多小裂缝。当正向水平荷载达到 102.81kN 时，试件整体进入屈服状态。试件进入位移控制加载，此时可以观察到，新的裂缝产生较少，但原有裂缝继续扩展、延伸，立柱底部的混凝土开始轻微剥落。

第十一～第十三循环，随着水平荷载和循环次数的增加，柱体底部 A、B 两侧裂缝不断延伸并互相交错成网状分布，混凝土出现剥落现象，与试件 TSC1 和 TSC2 相比，试件 TSC3 破坏时底部混凝土的剥落程度最小，钢筋也未暴露出来。将柱体底部两侧酥碎的混凝土敲落，可以观察到纵向钢筋明显弯曲并屈服，同时方钢管的受拉侧有被撕裂的现象。破坏细节图如图 6.8（c）所示。

6.2.2　滞回曲线与骨架曲线

根据试验数据绘制的各试件滞回曲线如图 6.9 所示，骨架曲线如图 6.10 所示。根据

图 6.9 和图 6.10 可知，在试验初始阶段，试件基本处于弹性状态，滞回环可以返回到原点，基本没有残余变形。随着水平荷载的增加，滞回环不能返回到原点，开始产生残余变形，且残余变形迅速增加。在此阶段，试件变形处于不可完全恢复的状态。试验末期，试件的承载能力随着变形的增加而迅速降低，继续加载直到试件的承载力下降到最大水平荷载的 85%，这时认为试件已经破坏，试验结束。

通过比较以上所有试件的滞回曲线和骨架曲线可知，在试验结束构件破坏时试件 TSC3 具有最大的位移和最大的水平荷载；试件 PC1、SC1、SC2 和 SC3 的滞回环出现相对明显的捏缩现象；试件 TSC1、TSC2 和 TSC3 的滞回环饱满且无明显的捏缩现象。此外，当风积沙的取代率相同时，带有内置方钢管的试件相对于普通试件具有更好的承载能力、变形能力、耗能能力。因此，将风积沙混凝土柱与内置方钢管组合使用可以显著改善试件的抗震性能。从另外一个角度来讲，研究人员可以通过设置内置方钢管来提高风积沙的取代率，同时不会降低风积沙混凝土柱的抗震性能。

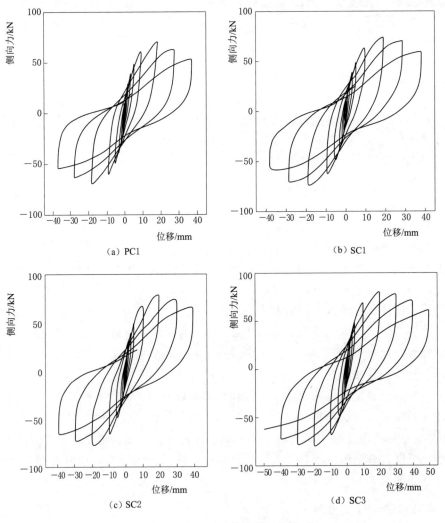

（a）PC1　　　　　（b）SC1
（c）SC2　　　　　（d）SC3

图 6.9（一）　试件的滞回曲线

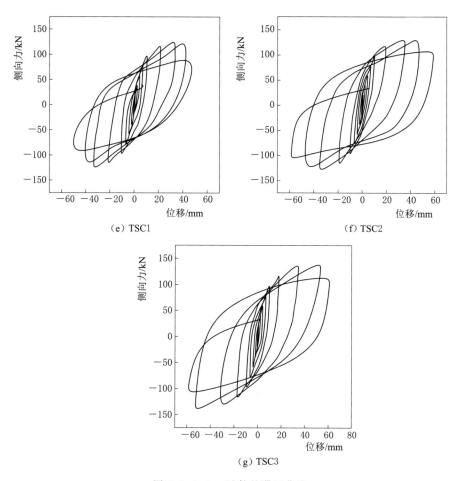

（e）TSC1 　　　　　　　　　　　（f）TSC2

（g）TSC3

图 6.9（二）　试件的滞回曲线

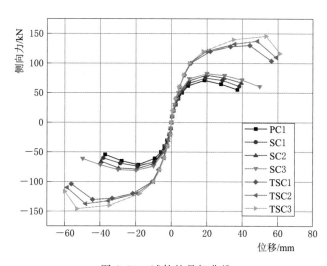

图 6.10　试件的骨架曲线

6.2.3　试件的特征值

试验过程中测得的各试件荷载、位移的特征值见表 6.5。表中，F_{cr} 为试件中出现裂缝时的荷载；F_y 为试件进入屈服状态时的荷载；F_{max} 为试验过程中横向荷载的最大值。在试验中，Δ_{cr} 为开始出现裂缝时试件的位移；Δ_y 为试件进入屈服状态时的位移；Δ_{max} 为试验中达到水平荷载最大值时试件对应的位移。当水平荷载达到最大水平荷载的 85% 时，试件被认为是失效的，此时的荷载为 F_u，而此时对应的位移为 Δ_u。

表 6.5　　　　　　　　　　　　　　　　试 件 特 征 值

试件编号	开裂点		屈服点		极限值		破坏值	
	F_{cr} /kN	Δ_{cr} /mm	F_y /kN	Δ_y /mm	F_{max} /kN	Δ_{max} /mm	F_u /kN	Δ_u /mm
PC1	21.1	1.61	61.40	8.75	70.50	18.58	59.54	34.20
SC1	21.6	1.51	63.79	9.25	74.83	19.10	63.56	36.73
SC2	23.2	1.64	67.63	9.43	79.85	19.70	68.15	39.00
SC3	24.7	1.58	69.44	9.64	82.25	19.94	69.91	42.80
TSC1	27.5	4.24	101.70	12.22	130.22	44.31	104.16	56.34
TSC2	28.1	4.62	102.12	12.48	137.51	48.48	110.02	59.30
TSC3	29.5	4.91	102.81	12.73	145.72	53.35	116.56	61.24

各试件的位移延性系数和极限位移角见表 6.6，其中位移延性系数的定义为 Δ_u 与 Δ_y 的比值[11]。

表 6.6　　　　　　　　　　　　　　试件位移延性系数表

试件编号	延性系数	极限位移角	试件	延性系数	极限位移角
PC1	3.91	0.0424	TSC1	4.61	0.0751
SC1	3.97	0.0436	TSC2	4.75	0.0785
SC2	4.13	0.0450	TSC3	4.81	0.0808
SC3	4.44	0.0569			

通过表 6.5 和表 6.6 可知，可以看到 7 个试件的承载能力依次增加，其中试件 TSC1、TSC2、TSC3 的承载力明显高于其他试件，例如，试件 TSC1 的 F_{max} 比试件 SC1 高 73.9%，试件 TSC2 的 F_{max} 比试件 SC2 高 78.5%，试件 TSC3 的 F_{max} 的比试件 SC3 高 77.2%。此外，试件 TSC1 - TSC3 的延性系数和极限位移角也明显高于其他试件，例如，试件 TSC1 的延性系数比试件 SC1 高 16.1%，试件 TSC2 的延性系数比试件 SC2 高 15%，试件 TSC3 的延性系数比 SC3 高 8.3%。

根据上述试验结果可知，当风积沙的取代率相同时，带有内置方钢管的试件比其他试件具有更好的承载能力和延性。这种现象是由于安装内置方钢管明显改善了试件的力学性能。首先，内置方钢管提高了试件的刚度，在抵抗侧向力方面起着至关重要的作用，且内置方钢管和钢筋骨架可以协同工作，共同抵抗侧向力。其次，外部钢筋混凝土可以对内部的方钢管提供一定的约束，延缓方钢管的变形和屈曲。此外，内置方钢管对其内部核心混凝土有一定的约束保护作用，即使纵向钢筋及其外部混凝土层丧失一定的承载能力，但方钢管及其内部的核心混凝土仍可以继续很好地发挥抵抗侧向力的作用，给试件提供第二道抗震防线，从而使试件具有更高的承载能力，延迟试件内部钢骨进入屈服状态的时间。从另一个角度来说，研究人员可以考虑通过安装内置方钢管来提高风积沙的取代率，同时不会降低风积沙混凝土柱的承载能力和延性。

6.2.4 累积耗能

加载过程中试件耗散的能量通常可由其滞回环的面积反映，因此每个滞回环面积的累积就是试件的累积耗能[12]。图 6.11 展示了 7 个试件的累积耗能。其中，试件 TSC1、TSC2、TSC3 的累积耗能明显大于对应的相同风积沙取代率的试件，这表明方钢管的设置可以显著提高试件的抗震耗能能力。

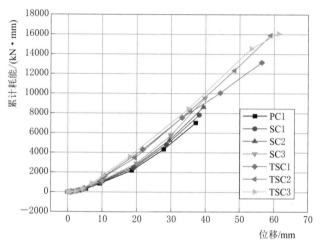

图 6.11　试件累计耗能曲线

6.2.5 刚度退化

试件的割线刚度退化曲线如图 6.12 所示。横坐标代表试件的位移角，纵坐标代表割线刚度，其中位移角定义为试件每个循环峰值点对应的位移除以试件的高度。由该图可知，所有试件的割线刚度[13]均随位移角的增加而降低，试件 TSC1、TSC2 和 TSC3 的割线刚度退化速度比对应的风积沙取代率相同的试件更为缓慢。随着水平荷载和位移的增加，纵向钢筋开始屈服，这导致试件 PC1、SC3 的割线刚度大大降低，但此时具有内置方钢管的试件 TSC1、TSC2 和 TSC3 仍具有相当的刚度储备，以抵抗横向荷载，这会导致刚度退化的速度减慢。以上结果表明，内部方钢管的设置可以显著改善风积沙混凝土试件的刚度退化性能。

6.2.6 损伤分析

损伤模型可以定量描述试件在地震作用下的损伤程度，本书采用两种损伤模型来进行内置方钢管风积沙混凝土柱试件的地震损伤分析。

6.2.6.1 单参数损伤模型

试验过程中，刚度的下降可以在一定程度上反映试件的损伤程度，研究人员已经验证

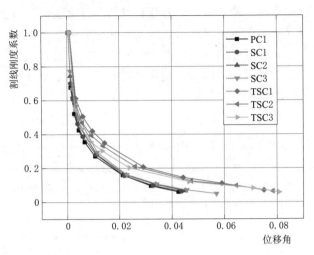

图 6.12　试件刚度退化曲线

了刚度退化作为损伤参数的合理性[14]。因此，本书首先使用了美国学者 Roufaiel 和 Mey-er[15] 修订的基于刚度的损伤模型来评估试件的损伤程度。该模型的表达式为：

$$D_1 = \frac{K_{x,i} - K_y}{K_m - K_y} \tag{6.1}$$

其中，K_y 为与试件在屈服点时刻对应的割线刚度；K_m 为试件在破坏点时刻对应的割线刚度。当 $D_1 > 0$ 时，试件开始受到损坏，当 $D_1 = 1$ 时，试件完全失效。3 个内置方钢管风积沙混凝土试件基于单参数损伤模型的计算结果见表 6.7，表中包括了与数据相对应的位移角。

整个试验过程表明，刚度的下降并不能完全反映构件单元的损坏程度。由于上述单参数模型假定屈服前试件没有发生损坏，这与实际测试结果不一致。因此，在本书中该模型仅用作双参数模型的研究基础。

6.2.6.2　双参数损伤模型

吴轶等认为刚度退化反映了构件单元的通道损伤，而滞回耗能则反映了构件单元的累积损伤，提出了 S-E（刚度退化和滞回耗能）损伤模型。该模型使用刚度退化作为破坏指标，以反映构件单元的最大响应；同时累积的滞回耗能被用作另一个破坏指标，以反应构件单元的累计损伤。该模型公式为[16-17]

$$D_2 = \frac{K_0 - K_i}{K_0} + \beta \times \frac{\sum E_i}{E_u} \times \frac{K_i}{K_0} \tag{6.2}$$

其中，K_0 为与结构单元在屈服点处相对应的割线刚度；K_i 为与结构单元峰值位移点相对应的割线刚度；E_i 为结构单元每个加载循环的累积滞回耗能；E_u 为单调加载条件下构件的极限滞回耗能；β 为能量耗散因子，由构件单元的物理几何参数拟合得出。可以根据以下公式计算参数 β：

$$\beta = 0.045 - 0.042 \times \frac{\delta}{\ln\lambda} + \frac{0.071}{1 + \left[\left(\frac{n}{\ln\lambda} - 0.176\right)/0.021\right]^2} \tag{6.3}$$

式中：λ 为构件单元的剪跨比；n 为构件单元的轴压比；δ 为套箍系数。δ 可以从以下公式计算得出：

$$\delta = f_s A_s / f_c A_c \tag{6.4}$$

式中：f_s 为方钢管的屈服强度；f_c 为填充混凝土的抗压强度；A_s 为方钢管的截面面积；A_c 为混凝土的截面面积；λ 为剪跨比。

使用式（6.2）～式（6.4），计算得出的结果 D_2 仍无法反映测试中试件的实际损伤情况，因此本章对该模型进行进一步修正。首先，将与试验结束时相对应的损伤指数设置为 1，即式（6.2）等于 1。将试验实测得到的割线刚度和累积耗能值代入式（6.2），反算出 β 值。然后，根据式（6.3）的数学模型，对所获得的 β 值与试件的轴压比、剪跨比和套箍系数进行统计拟合分析，得出参数 β 的修正表达式，公式如下：

$$\beta = 0.055 - 0.042 \times \frac{\delta}{\ln 3.5} + \frac{0.802}{1 + \left[\left(\frac{n}{\ln \lambda} - 0.176\right)/0.021\right]^2} \tag{6.5}$$

使用上式计算得出 3 个内置方钢管风积沙混凝土试件基于双参数损伤模型的 D_2 值，计算结果见表 6.7。通过该表可知，与单参数损伤模型相比，本书修正后的双参数损伤模型考虑了累积损伤对试件的影响，与内置方钢管风积沙混凝土柱试件的损伤破坏过程更为吻合。

表 6.7 损伤模型计算结果

试件	λ	n	$E_i/(\text{kN} \cdot \text{mm})$	D_1	D_2	位移角
TSC1	3.5	0.2	4315.95	0.49	0.46	0.0290
			7550.76	0.71	0.65	0.0442
			10059.87	0.82	0.75	0.0590
			13154.45	1.00	1.00	0.0751
TSC2	3.5	0.2	3468.42	0.46	0.40	0.0260
			8263.64	0.77	0.68	0.0473
			12337.72	0.88	0.77	0.0645
			15892.86	1.00	1.00	0.0785
TSC3	3.5	0.2	3605.30	0.41	0.37	0.0239
			8435.67	0.74	0.66	0.0467
			14567.54	0.90	0.78	0.0711
			16083.16	1.00	1.00	0.0808

6.3 本章小结

本章介绍了 3 个内置方钢管风积沙混凝土柱试件的设计和制作过程，并通过低周反复荷载试验和损伤分析，研究了该组合柱的地震损伤性能。主要结论如下：

（1）在相同荷载或位移条件下，带有内置方钢管风积沙混凝土试件的损伤程度小于其他试件。

（2）研究结果表明，内置方钢管可以显著改善风积沙混凝土柱的承载力、延性、滞回性能、刚度退化性能和累积耗能能力。因此，研究人员可以考虑通过安装内置方钢管来提高风积沙的取代率，同时不会降低风积沙混凝土柱的抗震性能。

（3）本书对经典的双参数损伤模型进行了修正，所修正的损伤模型与试验中试件的损伤过程吻合较好。

参 考 文 献

［1］ 曹万林，武海鹏，周建龙. 钢-混凝土组合巨型框架柱抗震研究进展 ［J］. 哈尔滨工业大学学报，2019，51（12）：1 - 12.

［2］ 陈宗平，周春恒，蒋香山. 螺旋筋约束增强空腹式型钢混凝土柱滞回性能试验研究 ［J］. 土木工程学报，2019，52（7）：69 - 80.

［3］ 董正方，师成力，郑彬，等. 高轴压比下型钢混凝土柱的抗震性能 ［J］. 中国科技论文，2019，14（6）：599 - 603，609.

［4］ 杨勇，薛亦聪，于云龙，等. 部分预制装配型钢混凝土柱抗震性能试验研究 ［J］. 建筑结构学报，2019，40（8）：42 - 50.

［5］ 聂少锋，叶梦娜，武杨凡，等. 方钢管约束型钢混凝土柱-RC 环梁节点抗震性能 ［J］. 建筑科学与工程学报，2019，36（2）：84 - 91.

［6］ 白国良，赵金全，杜宁军，等. 型钢混凝土异型中节点抗震性能试验研究及设计建议 ［J］. 建筑结构学报，2018，39（7）：33 - 45.

［7］ 马辉，孙书伟，刘云贺，等. 型钢再生混凝土柱-钢梁组合框架边节点抗震性能试验研究 ［J］. 应用基础与工程科学学报，2018，26（5）：1027 - 1040.

［8］ 张建伟，李晨，冯曹杰，等. HRB600 级钢筋钢纤维高强混凝土柱抗震性能研究 ［J］. 建筑结构学报，2019（10）：113 - 121.

［9］ W. Q. Zhu，J. Q. Jia，J. C. Gao，et al. Experimental study on steel reinforced high strength concrete columns under cyclic lateral force and constant axial load ［J］. Engineering Strcuctures，2016，125：191 - 204.

［10］ S. S. Zhen，Q. Qin，Y. X. Zhang. et al. Research on seismic behavior and shear strength of SRHC frame columns ［J］. Earthquake Engineering and Engineering Vibration，2017，16（2）：349 - 369.

［11］ Mahin S A，Bertero V V. Problems in establishing and predicting ductility in aseismic design ［C］. Proceedings of the International Symposium on Earthquake Structural Engineering，St. Louis，USA，1976：613 - 628.

［12］ 建筑抗震试验方法规程：JGJ 101—1996 ［S］. 北京：中国建筑工业出版社，1997.

［13］ Y. H. Wang，Z. Y. Gao，Q. Han，L. Feng，et al. Experimental study on the seismic behavior of a shear wall with concrete-filled steel tubular frames and a corrugated steel plate ［J］. Structural Design of Tall And Special Buildings，2018，27（15）：23 - 31.

［14］ H. X. Yu，J. H. Wu，G. B. Zhang. A new earthquake damage model for RC structure ［J］. Journal of Chongqing Architecture University，2004，26（5）：43 - 48.

［15］ M. S. L. Roufaiel and C. Meyer. Analytical modeling of hysteretic behavior of R/C frames ［J］. Journal of Structural Engineering，1978，113（3）：429.

［16］ Y. Wu，J. M. Huang，Vincent W. Lee，et al. Stiffness degradation and hysteretic energy dissipation based damage model of concrete – filled circular steel tube columns ［J］. Earthquake Engineering and Structural Dynamics，2014，5（6）：172 – 179.

［17］ G. Y. Wang. Practical methods of optimum aseismic design for engineering structures and systems ［M］. China Architecture & Building Press，Beijing，1999.

第7章　内置圆钢管风积沙混凝土柱地震损伤试验研究

为促进风积沙混凝土在钢-混凝土组合结构中的应用，本章在前文的基础上提出了内置圆钢管风积沙混凝土柱。为研究其地震损伤性能，共设计、制作了5个试件，对各试件进行了低周反复加载试验，分析其承载力、变形及延性、滞回耗能能力、刚度退化等抗震性能指标。

7.1　试验用材及试验方法

7.1.1　试件设计

本试验共设计4个内置圆钢管风积沙混凝土柱试件，编号为 CARC1～CARC4，风积沙取代率分别为10%、20%、30%、40%；1个普通风积沙混凝土柱试件 ARC4，风积沙取代率为40%（同第3章的试件一起用作分析比较）。

各试件缩尺比例均为1:2，试件尺寸、构造及配筋如图7.1所示，试件基本设计参数见表7.1，混凝土配合比见表7.2。为方便比较，第3章普通风积沙混凝土试件 ARC1、ARC2、ARC3 的相关数据一并给出。试件浇筑时先浇筑钢管内部混凝土，待钢管内部混凝土凝结后，将钢管放入钢筋笼中，再浇筑钢管外部混凝土，即可形成内置圆钢管风积沙混凝土柱。浇筑混凝土时，每种类型的混凝土预留3个150mm×150mm×150mm 的立方体试块，与混凝土柱相同条件养护，在标准压力试验机上测得混凝土的抗压强度。在拉力试验机上按标准试验方法测得钢材的力学性能，钢材的力学性能见表7.3。圆钢管为空心钢管，直径为114mm，壁厚为3mm。圆钢管外部焊有铆钉以增加混凝土与钢管之间的黏结。

表 7.1　　　　　　　　　　试件基本设计参数

试件编号	柱子尺寸 /mm	风积沙取代率 /%	剪跨比	轴压比	配筋率 /%	配箍率 /%	含管率 /%
ARC1	250×250	10	4	0.2	1.2	0.6	0
ARC2	250×250	20	4	0.2	1.2	0.6	0
ARC3	250×250	30	4	0.2	1.2	0.6	0
ARC4	250×250	40	4	0.2	1.2	0.6	0

试件编号	柱子尺寸 /mm	风积沙取代率 /%	剪跨比	轴压比	配筋率 /%	配箍率 /%	含管率 /%
CARC1	250×250	10	4	0.2	1.2	0.6	6.7
CARC2	250×250	20	4	0.2	1.2	0.6	6.7
CARC3	250×250	30	4	0.2	1.2	0.6	6.7
CARC4	250×250	40	4	0.2	1.2	0.6	6.7

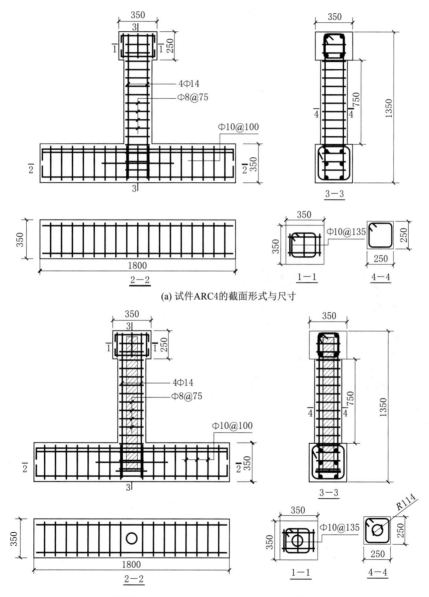

(a) 试件ARC4的截面形式与尺寸

(b) 试件CARC1、CARC2、CARC3、CARC4的截面形式与尺寸

图7.1 试件尺寸与配筋形式（单位：mm）

试件材料：试验所用水泥为冀东水泥厂生产的 PO42.5 级水泥，粉煤灰为呼和浩特市金山电厂原料灰，减水剂为万山集团萘系减水剂，普通砂采用中砂，细度模数 2.7，风积沙采自内蒙古自治区库布齐沙漠周边，拌和及养护用水均为自来水。

表 7.2 混凝土材料类别与配合比 单位：kg/m³

试件种类	混凝土等级	组 分 及 用 量						
		水泥	粉煤灰	水	石子	普通砂	风积沙	减水剂
ARC1/CARC1	C40	875.76	98.1	461.25	2849.1	997.23	110.79	7.32
ARC2/CARC2	C40	875.76	98.1	461.25	2849.1	886.44	221.58	7.32
ARC3/CARC3	C40	875.76	98.1	461.25	2849.1	775.59	332.4	7.32
ARC4/CARC4	C40	1023.68	114.67	539.15	3330.3	777.08	518.04	8.56

表 7.3 钢材力学指标实测值

名称	等级	直径或边长/mm	屈服强度/MPa	极限强度/MPa	弹性模量/MPa
箍筋	HRB400	8	434.2	460.9	2.0×10^5
纵筋	HRB400	14	470.4	517.5	2.0×10^5
圆钢管	Q235	114	275.0	358.0	2.06×10^5

7.1.2 加载与测试

试验在位于内蒙古工业大学的内蒙古自治区土木工程结构与力学实验室进行，采用竖向施加荷载结合水平低周反复加载的拟静力试验方法模拟地震对试件的作用。试验装置如图 7.2 所示。加载时，首先由液压千斤顶向竖向施加荷载，将荷载施加至预定值后，利用 500kN 电液伺服作动器对试件施加水平荷载。水平方向荷载的加载制度采用控制荷载和位移混合加载的方法，首先进行荷载控制循环，从 0 开始，每次循环增加 10kN，屈服后开始按位移控制加载，控制荷载 Δ 为屈服位移 Δ_y 的整数倍[1-3]。试验直至水平荷载下降至峰值荷载的 85% 或试件发生明显破坏时停止。低周反复加载的优点是可以在试

图 7.2 低周反复加载装置

验过程中随时停下以便记录试验数据和观察试验情况，在每级循环后记录混凝土开裂破坏状态，及时观测钢筋是否屈服。位移计布置在柱子的三等分处和加载梁中间位置[4]。

7.2 试验结果及分析

7.2.1 试件的破坏过程

各试件在试验装置处安装到位后，在柱身均绘制了 50mm×50mm 的小方格以便准确

记录和观察试件的破坏过程。各试件的破坏过程基本相似，最终柱底的破坏形态如图 7.3 所示。

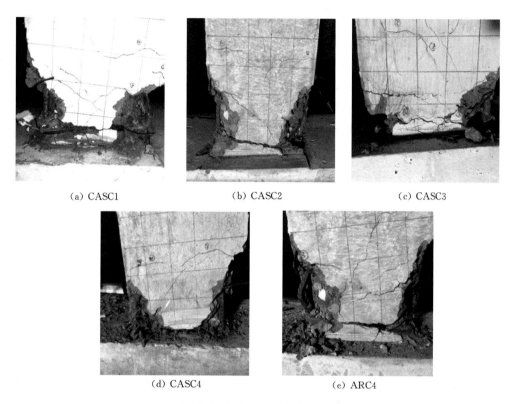

(a) CASC1 (b) CASC2 (c) CASC3

(d) CASC4 (e) ARC4

图 7.3 试件底部的破坏状态

7.2.1.1 试件 ARC4

第一、二循环，加载初期，试件承受荷载较小，基本处于弹性阶段，变形可以恢复，未发现裂缝产生。

第三循环，正向加载，当水平荷载达到 23.8kN 时，试件在距基础梁上表面 124mm 的受拉区，出现第一条细小水平裂缝，长度为 48mm。负向加载至 20.5kN 时，柱子侧面的受压区出现第一条水平裂缝，长度为 52mm，裂缝呈水平走向距基础梁上表面约 120mm 处。

第四循环，正向加载至 36.8kN，第一条裂缝水平延伸 30mm，裂缝略微加宽至 0.4mm。试件正面出现两条水平裂缝，距基础梁上表面分别为 123mm 和 145mm。负向加载至 34.7kN，第一条裂缝斜水平向下延伸 40mm，缝距加宽至 0.5mm。正面出现三条水平弯曲裂缝，分别距基础梁上表面 115mm、126mm 和 138mm。

第五循环，正向加载至 47.6kN，受拉区柱根处出现一条新的水平裂缝，并且斜向上约 30°延伸。原有裂缝延伸加宽最多至 0.9mm，内部伴有轻微的劈裂声。负向加载至 48.2kN，原有裂缝延伸加宽最多至 1.2mm，试件正观测面柱底出现较多的细小裂缝，且向斜向下延展。受压区柱根也出现了一条水平裂缝。

第六循环，正向加载至 56.4kN，之前受压区的裂缝开始缓慢闭合，侧面柱根处的水平裂缝继续延伸、扩宽，其他裂缝持续延伸并加宽最多至 1.8mm，混凝土保护层开始小块脱落。负向加载至 57.8kN 时，裂缝持续延伸、加宽最多至 2.1mm，同时伴有混凝土小面积剥落。

第七循环，继续正向加载，水平裂缝不断向正观测面延伸、扩展，裂缝宽度不断加大，此时裂缝最宽处达到 3mm。荷载达到 69kN 时，原有裂缝在柱根处基本贯通。负向加载，裂缝加宽延伸至正观测面与正向加载裂缝相交。

第八循环，试件屈服后，改为位移控制加载。正向加载至位移 9.5mm 时，水平推力达到 69kN，此时原有裂缝继续延伸、扩展，但程度不明显。负向加载至位移 10mm 时，水平推力达到 72.1kN，原有裂缝稍有延伸。

第九循环，正负加载过程中，柱根处水平裂缝持续延伸扩展、基本贯通，缝距最宽处达 3.2mm。受压区混凝土被压碎，大面积脱落，可以听到混凝土内部发出的"咔咔"声，但试件总体上并未丧失承载力。

第十循环，正负循环加载完成后，试件根部混凝土大块压碎脱落，可以看到纵筋和箍筋部分外露，外露的纵筋屈曲严重，水平承载力迅速下降，当水平承载力下降到极限荷载的 85% 时，试验宣告终止，试件破坏位移为 46mm。

7.2.1.2　试件 CARC1

试验从 0 开始加载，每循环增加 10kN。第一、二循环时试件基本处于弹性阶段。第三循环，当正向荷载增加至 23.21kN 时，试件几乎同时出现两条水平裂缝，分别在距离基础梁上表面 47mm 和 125mm 处；当负向加载至 29kN 时，受拉区距离基础梁上表面 152mm 处出现一条水平裂缝。

第四循环，随着正向荷载的不断增加，在第三循环正向加载时出现的水平裂缝不断延伸，最终横贯柱子受拉一侧；当负向荷载增加至 33kN 时，受拉区出现第二条水平裂缝，裂缝位置在距离基础梁上表面 300mm 处。

第五循环，当正向荷载增加至 43kN 时，在距离基础梁上表面 370mm 处出现一条新的水平裂缝，该裂缝横穿整个柱子受拉区并延伸至两侧；负向加载至 48kN 时，此前出现的裂缝不断延伸，在柱子正面有斜向下延伸的趋势。

第六、七循环，随着荷载的不断增加，受拉区基本没有出现新的裂缝，现有的裂缝不断延伸至柱子两侧；负向加载时柱子受拉区底部出现一些细微裂缝。

第八循环，正向水平加载过程中未发现有新的裂缝出现，之前正向加载受拉一侧出现的裂缝有了更大的延长和扩展；负向加载时受压区裂缝闭合，在整个循环过程中可听到混凝土压碎的声音，但并未观察到混凝土剥落。

第九循环，正向加载时，受拉区柱子底部出现的裂缝扩宽至 1.5～2mm，受压区混凝土被压碎，柱脚处混凝土开始剥落；当负向加载至 99.69kN 时，纵筋处混凝土大面积开裂，纵筋屈服。

第十循环，试验进入按位移控制加载方式，控制荷载 Δ 为屈服位移 Δ_y 的整数倍。正向加载过程中，受拉侧混凝土出现大幅度剥落，钢筋外露，随着荷载的增加，钢筋逐渐弯曲；负向加载时原正向加载时弯曲的纵筋逐渐伸长，另一侧钢筋慢慢弯曲，可观察到柱身有些许倾斜。

第十一循环，在循环过程中不断听到混凝土破碎的"咔咔"声，塑性铰区混凝土大面积剥落，四根纵筋完全暴露在外，柱子主要依靠内部钢管承担荷载，随着位移的不断增加，柱子倾斜更加明显。

第十二循环，按位移加载至 3Δ，此次循环的正负两个方向的水平荷载均低于极限荷载的 85%，试件破坏，试验结束。此时暴露出的个别钢筋已经断裂，塑性铰区混凝土剥落严重。将酥碎的混凝土敲开检查内置圆钢管屈服情况时，发现内置圆钢管发生鼓曲断裂。最大柱顶位移 63.73mm。

7.2.1.3 试件 CARC2

第一、二循环时试件基本处于弹性阶段。

第三循环，当正向荷载增加至 23.94kN 时，试件出现一条水平裂缝，裂缝位于柱身与基础梁连接 150mm 处；当荷载增加至 29.1kN 时，受压区在距离基础梁上表面 21mm 和 309mm 处同时出现第二条水平裂缝。当负向加载至 25.35kN 时，受拉区距离基础梁上表面 148mm 处出现一条水平裂缝。

第四循环，当正向加载至 35kN 时，距离基础梁上表面 21mm 处的裂缝开始延伸，最终横贯柱子受拉一侧；负向加载至 38kN 时，在距离基础梁上表面 320mm 处出现一条新的水平裂缝。

第五循环，正、负向加载过程中并未发现新裂缝，现有的裂缝随着荷载的增加而不断延伸，直至试验观察的柱子正面。

第六循环，随着荷载的不断增加，受拉区裂缝不断加宽，在主裂缝周围分裂出一些细小裂缝。负向加载过程中，受压区在距离基础梁上表面 21mm 处的裂缝与受拉区同样位置的裂缝在试验观察正面贯通。

第七循环，随着荷载的不断增加，受拉区没有明显出现新的裂缝，现有的裂缝加宽至 1mm，柱身与基础梁连接处混凝土有轻微剥离现象。

第八循环，加载过程中现有的裂缝加宽至 1.5mm，柱身与基础梁连接处混凝土开始出现部分剥落。

第九循环，正、负向加载过程中受拉区裂缝继续延伸，受拉、受压区两条距离基础梁上表面 7mm 处的裂缝在试验观察正面贯穿整个试件。当负向加载至 105.86kN 时，纵筋处混凝土鼓起，纵筋屈服。

第十循环，试验进入按位移控制加载方式，控制荷载 Δ 为屈服位移 Δ_y 的整数倍。循环加载过程中裂缝加宽，前几个循环标注的裂缝记号已难以观察；裂缝周围混凝土开始剥落，受压区混凝土出现大幅度剥落，一根钢筋外露，随着荷载的增加，钢筋逐渐弯曲，柱身出现倾斜。

第十一循环，部分混凝土剥落在基础梁上表面，外露的钢筋弯曲更加明显。

第十二循环，按位移加载至 3Δ，当循环的正、负两个方向的水平荷载均低于极限荷载的 85%，试件破坏，试验结束。试件根部的钢筋断裂，塑性铰区混凝土剥落严重。将酥碎的混凝土敲开检查内置圆钢管屈服情况时，发现圆钢管已发生鼓曲断裂。最大柱顶位移 66.53mm。

7.2.1.4　试件 CARC3

第一、二循环时试件基本处于弹性阶段。

第三循环，当正向荷载增加至 24.62kN 时，试件几乎同时出现两条水平裂缝，裂缝位于受拉区距离基础梁上表面 48mm 和 87mm 处；当负向加载至 29.22kN 时，受拉区距离基础梁上表面 80mm 和 202mm 处出现两条水平裂缝。

第四循环，当正向加载至 37kN 时，距离基础梁上表面 270mm 处出现一条新的水平裂缝；负向加载至 38kN 时，在距离基础梁上表面 38mm 处出现一条新的水平裂缝。

第五循环，当正向加载至 43kN 时，受拉区距离基础梁上表面 48mm 处的裂缝开始延伸至柱子两侧并扩宽；当负向加载至 47kN 时，在距离基础梁上表面 130mm 处出现一条较短的水平裂缝，裂缝长度约为 70mm。

第六、七循环，在正、负向加载过程中，受拉区最靠近基础梁上表面的裂缝不断延伸加宽，最终两条裂缝连通，贯穿整个柱子。

第八循环，加载过程未明显出现新裂缝，现有的裂缝继续延伸、加宽，并在柱子观察正面不断有斜向下延伸的趋势，柱身与基础梁连接处混凝土开始出现部分剥落。

第九循环，正向加载时受拉区裂缝加宽，受压区混凝土被压碎，混凝土开始剥落。当负向加载至 110.9kN 时，纵筋处混凝土鼓起，纵筋屈服。

第十循环，试验进入按位移控制加载方式，控制荷载 Δ 为屈服位移 Δ_y 的整数倍。经过正、负向加载后试件混凝土保护层剥落，部分箍筋露出。

第十一循环，与前两个试件相比，试件 CARC3 在本循环过程中混凝土剥落较少，仅在距离基础梁上表面 10mm 处的箍筋露出，纵筋尚未露出，且纵筋处混凝土保护层尚未鼓出。

第十二循环，按位移加载至 3Δ，当循环的正、负两个方向的水平荷载均低于极限荷载的 85%，试件破坏，试验结束。直至试验结束仅有一根纵筋暴露，发现已屈曲，塑性铰区混凝土剥落较严重。最大柱顶位移 71.68mm。

7.2.1.5　试件 CARC4

第一、二循环时试件基本处于弹性阶段。

第三循环，当正向荷载增加至 23.37kN 时，在试件受拉区距离基础梁上表面 125mm 和 234mm 处几乎同时出现两条水平裂缝；当负向加载至 28.72kN 时，受拉区距离基础梁上表面 132mm 处出现一条水平裂缝。

第四循环，正向加载过程中没有出现新的裂缝；负向加载至 35kN 时，在距离基础梁上表面 278mm 处出现一条新的水平裂缝，裂缝长度约为 175mm。

第五～第八循环，在循环加载过程中新的裂缝出现较少，现有的裂缝继续延伸、加宽。随着荷载的增加，裂缝不断分裂出细微裂缝，柱身与基础梁连接处混凝土开始出现部分剥落。

第九循环，加载过程中裂缝持续延伸，受压区从基础梁与柱身连接处出现竖直向上的小裂缝，受拉区裂缝宽度发展较慢。当负向加载至 108.65kN 时，纵筋处混凝土鼓起，纵筋屈服。

第十循环，试验进入按位移控制加载方式，控制荷载 Δ 为屈服位移 Δ_y 的整数倍。纵筋处混凝土保护层开始轻微剥落。

第十一循环，正向加载过程中受压区混凝土大幅度剥落，两处纵筋露出；当负向加载时，正向加载时暴露出的被压弯的钢筋慢慢被拉直，在负循环结束时纵筋被压弯。

第十二循环，按位移加载至3Δ，此次循环的正、负两个方向的水平荷载均低于极限荷载的85％，试件破坏，试验结束。此时共有3根纵筋露出，塑性铰区混凝土剥落严重。将酥碎的混凝土敲开检查内置圆钢管屈服情况时，发现内置圆钢管发生鼓曲断裂。最大柱顶位移68.33mm。

通过各试件的破坏过程可知，在相同的荷载和水平位移条件下，内置圆钢管风积沙混凝土柱试件的损伤程度比对应的普通风积沙混凝土柱试件更轻。

7.2.2 滞回曲线特征与分析

由试验所得的各试件荷载-位移滞回曲线如图7.4所示，为方便比较，第3章普通风积沙混凝土试件ARC1、ARC2、ARC3的滞回曲线一并在图中给出。

由图7.4可以看出，各试件在试验初期滞回曲线均趋于直线，滞回环面积小，此时试件处于弹性阶段，耗能较小，整体刚度变化不大，基本无残余变形。随着加载循环的增加，试件屈服，进入弹塑性阶段，滞回环面积增大，滞回曲线斜率较之前减小，耗能逐渐增加，残余变形产生并逐渐增大。试件ARC1、ARC2、ARC3、ARC4为无内置圆钢管的普通风积沙混凝土柱，其滞回曲线呈弓形，在加载后期曲线出现"捏缩"现象。而对于内部设置有圆钢管的试件CARC1、CARC2、CARC3、CARC4，其滞回曲线相对试件

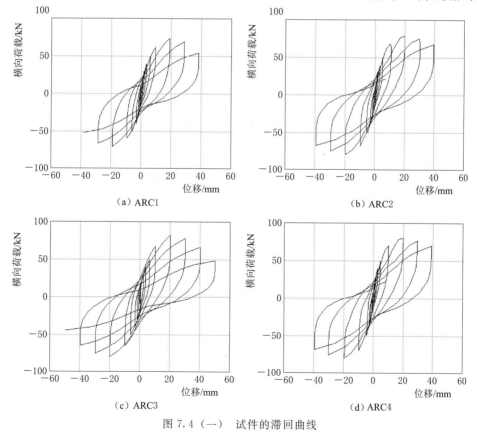

(a) ARC1

(b) ARC2

(c) ARC3

(d) ARC4

图7.4（一） 试件的滞回曲线

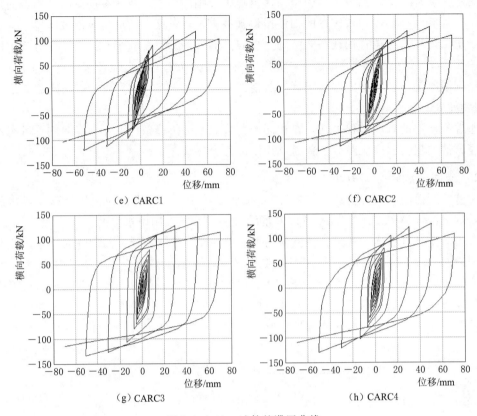

图 7.4（二）　试件的滞回曲线

ARC1、ARC2、ARC3、ARC4 的循环次数更多，滞回环面积更大。在相同风积沙取代率下，内置圆钢管风积沙混凝土柱试件的滞回环面积明显大于对应的普通风积沙混凝土柱试件。由于滞回曲线的饱满程度和滞回环面积反映了试件的承载力和耗能能力，这表明内置圆钢管风积沙混凝土柱的承载力和耗能能力比普通风积沙混凝土柱更有优势。

观察试件 CASC1、CASC2、CASC3、CASC4 的滞回曲线可知，试件在不同风积沙取代率下的滞回曲线相差较为明显。当风积沙取代率小于 30％时，随着取代率的提高，滞回曲线更加饱满，在风积沙取代率为 30％时滞回曲线最为饱满。但当风积沙取代率继续提高时，滞回环面积反而有所减小。

7.2.3　骨架曲线

骨架曲线是滞回曲线的外包络线，与滞回曲线相比更能清晰地表现出各循环的峰值。图 7.5 为各试件的骨架曲线，为方便比较，第 3 章普通风积沙混凝土试件 ARC1、ARC2、ARC3 的骨架曲线一并在图中给出。

从试验过程可知，试件的受力过程共有 4 个阶段，分别为弹性阶段、弹塑性阶段、屈服阶段和破坏阶段。以上 8 个试件在弹性阶段无明显区别，曲线基本重合，说明初始阶段曲线受风积沙取代率和内部圆钢管的设置影响不大。随着循环的增加，骨架曲线斜率减小，试件表现出弹塑性变形特征。屈服后各曲线开始大幅度变化，各试件的承载力和变形

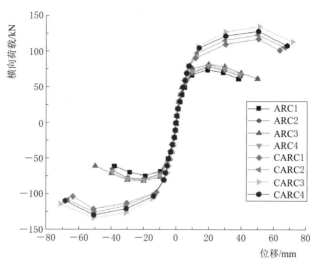

图 7.5　试件的骨架曲线

能力出现明显差异。达到峰值荷载后，承载力逐步下降，直到降低至峰值荷载的 85%，试件破坏。由图中可以看出，在相同风积沙取代率下，内置圆钢管风积沙混凝土柱试件的承载力明显高于相对应的普通风积沙混凝土柱试件。当风积沙取代率小于 30% 时，随着取代率的提高，试件的承载力也在提高，在风积沙取代率为 30% 时最明显，即试件 CARC3 的承载力最大。但当风积沙取代率继续提高时，试件的承载力反而有所减小。

7.2.4　试件的特征值

各试件的特征值，如屈服状态、峰值状态、破坏状态的荷载、位移和延性系数见表 7.4。为方便比较，将第 3 章普通风积沙混凝土试件 ARC1、ARC2、ARC3 的特征值一并给出。表中，F_{cr} 和 Δ_{cr} 分别为试件首次出现裂缝时对应的荷载和位移；F_y 和 Δ_y 分别为试件屈服时对应的荷载和位移；F_{max} 为试件的极限荷载，相对应的极限位移为 Δ_{max}；F_u 为试件的破坏荷载，相对应的破坏位移是 Δ_u。取破坏荷载（峰值荷载的 85%）对应的位移为破坏位移 Δ_u，位移延性系数取破坏位移 Δ_u 与屈服位移 Δ_y 的比值[5-6]。

表 7.4　　　　　　　　　　　　　试 件 的 特 征 值

试件编号	开裂点		屈服点		极限值		破坏值		延性系数
	F_{cr}/kN	Δ_{cr}/mm	F_y/kN	Δ_y/mm	F_{max}/kN	Δ_{max}/mm	F_u/kN	Δ_u/mm	
ARC1	21.6	1.51	63.79	9.25	75.83	19.1	63.56	36.73	3.97
ARC2	23.2	1.64	67.63	9.43	80.85	19.7	68.15	39	4.14
ARC3	24.7	1.58	69.44	9.64	82.25	19.94	69.91	42.8	4.44
ARC4	23.90	1.59	68.87	9.55	80.65	19.84	68.52	39.25	4.11
CARC1	23.21	3.26	99.69	12.63	120.51	47.94	101.44	63.74	5.05
CARC2	23.94	3.49	101.13	12.86	125.57	48.35	105.86	66.53	5.17
CARC3	24.62	3.85	103.41	13.2	134.21	51.97	110.9	71.68	5.43
CARC4	23.37	3.62	101.96	12.97	129.16	49.69	108.65	68.33	5.27

从表 7.4 可知，普通风积沙混凝土柱试件的延性系数均为 $3.97\sim4.44$，内置圆钢管风积沙混凝土柱试件的延性系数均在 5 以上，这表明在钢筋笼内部设置圆钢管可有效提高混凝土柱的延性。内部圆钢管在钢筋屈服后可以继续承担部分水平荷载，试件承载力下降更为缓慢，可有效防止柱试件发生脆性破坏。风积沙取代率在 30% 以内，各试件的位移延性系数随着风积沙取代率的提高而提高，当风积沙取代率大于 30%，延性系数反而随之下降。例如，对比试件 ARC3 和试件 CARC3，两者开裂荷载相差不多，但屈服荷载和峰值荷载相差较大，后者的屈服荷载和峰值荷载比前者分别提高了 48%、63%，延性系数提高了 22.3%。

7.2.5　试件的耗能能力

抗震耗能能力是评价试件抗震性能的重要指标，滞回曲线越饱满，循环次数越多，耗能能力越好，也即试件吸收和耗散的能量越多[7-8]。本书采用累积耗能来评价各试件的耗能能力，将累积耗能 E 定义为到达某一位移时该位移前的各级滞回曲线所围的面积之和[9]。如图 7.6 所示为各试件的累积耗能比较。为方便比较，将第 3 章普通风积沙混凝土试件 ARC1、ARC2、ARC3 的累积耗能曲线一并给出。由图 7.7 可知，当位移小于 10mm 时，8 个试件的累积耗能相差不大，随着位移的不断增大，不同试件的能量耗散情况开始出现差别。通过对比可以发现，风积沙取代率在 30% 以内，各试件的耗能能力随着风积沙取代率的提高而提高；当风积沙取代率大于 30%，耗能能力反而随之下降。在相同风积沙取代率下，内置圆钢管风积沙混凝土柱试件的累积耗能值明显高于相对应的普通风积沙混凝土柱试件，这表明试件内部设置圆钢管可以显著提高试件的抗震耗能能力。

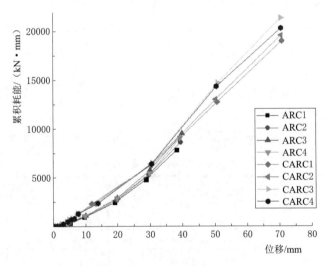

图 7.6　试件的累积能量耗散情况

7.2.6　刚度退化曲线

各试件荷载-位移曲线的初始刚度以 K_0 表示，以每级循环荷载下试件刚度与初始刚度之比 K_i/K_0 为纵坐标，以位移角为横坐标，则可得各试件在不同位移角下的刚度退化曲线[10]，如图 7.7 所示。为方便比较，将第 3 章普通风积沙混凝土试件 ARC1、ARC2、

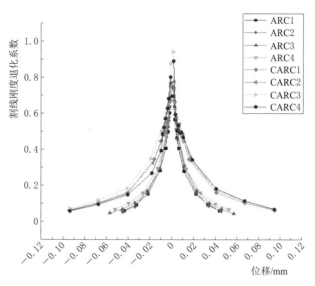

图 7.7 试件不同位移角下的刚度退化曲线

ARC3 的刚度退化曲线一并给出。

由图 7.7 可知,各试件正反方向的刚度退化曲线不对称,且正向刚度高于反向刚度。这主要是由于试验的每个循环首先进行正向加载,在试件进入弹塑性阶段后随着加载的结束会存在一定的残余变形,当反向加载时,需要首先抵消试件中的残余变形,此外正向加载时对试件已有一定程度的累积损伤,以上原因造成加载中后期反向加载的刚度比正向加载时的刚度偏低。各试件当位移角小于 0.02 时斜率较大,几乎为直线;试件屈服后退化曲线斜率逐渐减小,破坏后曲线逐渐平缓。在相同风积沙取代率下,内置圆钢管风积沙混凝土柱试件的刚度退化曲线明显比相对应的普通风积沙混凝土柱试件更为平缓,这表明试件内部设置圆钢管可以延缓试件刚度的退化速率,为试件在加载后期提供更多的刚度储备。此外,通过对比可以发现对于内置圆钢管风积沙混凝土柱试件,风积沙取代率在30%以内,各试件的刚度退化速度随着风积沙取代率的提高而减缓;当风积沙取代率大于30%,该效果呈反向趋势。

7.3 本章小结

本章提出了内置圆钢管风积沙混凝土柱。为研究其地震损伤性能,共设计、制作了 5 个试件,对各试件进行了低周反复加载试验,并结合本课题组已完成的 3 个试件的试验数据,对比分析了各试件承载力、变形及延性、滞回耗能能力、刚度退化等抗震性能指标。主要结论如下:

(1)从各试件的破坏过程可知,在相同的荷载和水平位移条件下,内置圆钢管风积沙混凝土柱试件的损伤程度比对应的普通风积沙混凝土柱试件更轻。

(2)在相同风积沙取代率下,和对应的普通风积沙混凝土柱试件相比,内置圆钢管风积沙混凝土柱试件的承载力、变形能力、耗能能力有明显提高,刚度退化速度明显减缓。

这表明内置圆钢管的构造措施可以显著提高风积沙混凝土柱试件的抗震性能。

（3）风积沙取代率在 30％以内时，各试件的以上抗震性能指标随着风积沙取代率的提高而改善；当风积沙取代率大于 30％，各项指标反而随之下降。这表明对于内置圆钢管风积沙混凝土柱试件来说，风积沙取代率取为 30％时经济效益和社会效益更为明显；对于普通风积沙混凝土柱试件来说，可以考虑通过内置圆钢管的构造措施来进一步提高其风积沙取代率。

参 考 文 献

［1］ 张建伟，李晨，冯曹杰，等. HRB600 级钢筋钢纤维高强混凝土柱抗震性能研究［J］. 建筑结构学报，2019（10）：113－121.

［2］ W. Q. Zhu, J. Q. Jia, J. C. Gao, et al. Experimental study on steel reinforced high strength concrete columns under cyclic lateral force and constant axial load［J］. Engineering Strcuctures，2016，vol. 125，pp. 191－204.

［3］ S. S. Zhen, Q. Qin, Y. X. Zhang. et al. Research on seismic behavior and shear strength of SRHC frame columns［J］. Earthquake Engineering and Engineering Vibration，2017，16（2）：349－369.

［4］ Yaohong Wang，Qi Chu，Qing Han，Zeping Zhang & Xiaoyan Ma. Experimental study on the seismic damage behavior of aeolian sand concrete columns［J］. Journal of Asian Architecture and Building Engineering，2020，7（4）：1－13.

［5］ Mahin S A，Bertero V V. Problems in establishing and predicting ductility in aseismic design［C］//. Proceedings of the International Symposium on Earthquake Structural Engineering, St. Louis, USA，1976：613－628.

［6］ 郑文忠，周滔，王英. 混凝土柱位移延性系数计算方法及分析［J］. 建筑结构学报. 2014，35（增刊 1）：151－158.

［7］ 王国庆，李志强，杨森，等. 沙漠砂混凝土框架柱低周反复荷载抗震性能试验研究［J］. 混凝土，2016（6）：18－21.

［8］ 杨勇，张超瑞，泮勇溥，等. 内藏钢管超高强混凝土芯柱组合柱抗震性能试验研究［J］. 工程力学，2017，34（8）：96－104.

［9］ 建筑抗震试验规程：JGJT 101—2015［S］. 北京：中国建筑工业出版社，2015.

［10］ Y. H. Wang, Z. Y. Gao, Q. Han, L. Feng, et al. Experimental study on the seismic behavior of a shear wall with concrete－filled steel tubular frames and a corrugated steel plate［J］. Structural Desigin of Tall And Special Buildings，2018，27（15）：23－31.

第8章 型钢风积沙混凝土柱地震损伤试验研究

型钢混凝土结构与普通钢筋混凝土结构相比，具有良好的承载力和抗震性能，在研究领域受到重视，在国内外高层建筑中的应用也越来越广泛。

薛建阳等对 7 根型钢再生混凝土柱进行了拟静力试验，结果表明：型钢再生混凝土柱在实际工程中具有可行性，掺入再生集料对其抗震性能影响不大[1]；此外该课题组还对型钢混凝土异形柱损伤行为进行了研究[2]。李俊华等对 20 个型钢高强混凝土柱进行了低周反复加载试验，研究试件在压、弯、剪共同作用下的破坏形态和抗震性能，结果表明：与普通钢筋混凝土柱相比，型钢高强混凝土柱的滞回曲线更饱满，抗震性能更好[3]。曹万林等进行了 1 个内置 H 型钢和 1 个内置十字形型钢巨型柱模型试件的低周反复荷载试验，结果表明：两试件均呈现出以弯曲为主的破坏特征，滞回曲线较为饱满，承载力下降缓慢，极限位移角超过 5%，表现出良好的变形能力和耗能能力[4]。李晓东等设计了 3 根受火和 1 根未受火的型钢混凝土十字形柱并进行低周反复荷载试验，结果表明：火灾对十字形型钢混凝土柱的材料力学性能造成损伤，试件耗能能力降低，水平极限承载力明显下降，同时试件的刚度退化也比较严重；在一定范围内提高轴压比，十字形型钢混凝土柱耗能能力增大，其延性系数减小，同时增大轴压比能够有效地提高试件的极限承载力、增大试件的刚度[5]。许奇琦等研究了震损型钢混凝土柱-型钢混凝土梁框架结构经外包钢套加固后的抗震性能，结果表明：外包钢套加固震损试件在水平往复荷载作用下均呈现梁铰破坏机制，但其节点混凝土压碎严重，加固设计时应予以加强；试件在重度损伤范围内，经外包钢套加固修复，震损型钢混凝土柱-型钢混凝土梁框架结构恢复并超过受损前的抗震性能[6]。

为了推广风积沙资源在组合结构中的应用，本书基于以上国内外学者的研究成果，结合型钢和风积沙混凝土结构各自的特点，提出型钢风积沙混凝土柱，并通过低周反复荷载试验对其地震损伤性能进行研究。

8.1 试验用材及试验方法

8.1.1 试件设计

本次试验共设计、制作了 4 个型钢风积沙混凝土柱试件，柱截面尺寸为 250mm×250mm，各试件配筋相同，剪跨比均为 4，缩尺比例为 1∶2，编号为 HARC1 - HARC4。各试件基本设计参数见表 8.1，为方便比较，第 3、7 章普通风积沙混凝土试件 ARC1、ARC2、ARC3、ARC4 的相关数据一并给出。试件 HARC1、HARC2、HARC3、

HARC4 的几何尺寸和配筋如图 8.1 所示。型钢及钢筋骨架均与基础内的钢板焊接来固定其在风积沙混凝土柱中的位置。为保证型钢和混凝土之间的连接，沿型钢全长均匀布置 M10×40 的栓钉，间距 100mm。随试件浇筑 100mm×100mm×100mm 立方体风积沙混凝土试块，与试件同条件养护 28d 后测试其抗压强度。

表 8.1　　　　　　　　　　试件的基本设计参数

试件编号	风积沙取代率/%	纵筋配筋率/%	体积配箍率/%	是否含有型钢	轴压比
ARC1	10	1.20	0.60	否	0.2
ARC2	20	1.20	0.60	否	0.2
ARC3	30	1.20	0.60	否	0.2
ARC4	40	1.20	0.60	否	0.2
HARC1	10	1.20	0.60	是	0.2
HARC2	20	1.20	0.60	是	0.2
HARC3	30	1.20	0.60	是	0.2
HARC4	40	1.20	0.60	是	0.2

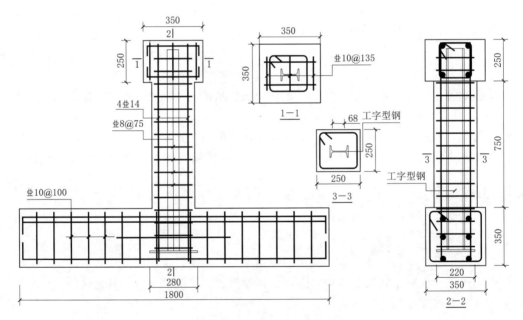

图 8.1　试件尺寸与配筋形式（单位：mm）

8.1.2　材料性能

原材料采用细度模数 2.7 的天然水洗沙、粒径 5~25mm 天然卵石、冀东水泥厂 PO42.5 水泥和呼和浩特市金山电厂粉煤灰、万山集团生产的萘系减水剂、内蒙古库布齐沙漠周边的风积沙，保证原材料质量。型钢采用型号 I10 的实腹式普通热轧工字钢，材质等级为 Q235；纵筋采用 HRB400 级螺纹钢，箍筋采用 HRB400 级圆钢，所用钢材材料性能见表 8.2。风积沙混凝土设计强度等级为 C40，其配合比及试块立方体抗压强度实测值见表 8.3。

表 8.2 钢材的力学性能指标

钢材类型	屈服强度 f_y/MPa	极限强度 f_u/MPa	弹性模量 E_s/MPa
I10 号工字钢	345	465	1.98
8	450	585	2.02
14	479	607	2.03

表 8.3 风积沙混凝土的配合比及其强度指标

风积沙取代率 /%	单位体积用量/(kg/m³)							试块立方体 抗压强度/MPa
	水泥	砂	风积沙	石子	粉煤灰	减水剂	水	
10	389.28	443.23	49.24	1266.36	43.62	3.27	205	36.97
20	389.28	393.99	98.48	1266.36	43.62	3.27	205	37.89
30	389.28	344.75	147.72	1266.36	43.62	3.27	205	44.1
40	389.28	295.51	196.96	1266.36	43.62	3.27	205	40.68

8.1.3 加载与测试

本次试验在位于内蒙古工业大学的内蒙古自治区结构与力学重点实验室进行，采用悬臂梁式加载，试验装置为 5000kN 加载系统，如图 8.2 所示。试验前，应先进行预加载试验，混凝土结构试件的预加载值不宜大于开裂荷载计算值的 30%。正式加载时，首先采用液压千斤顶施加竖向荷载至设计值，然后水平作动器在柱顶加载梁中心处施加水平低周反复荷载。采用荷载和位移混合控制的加载方案，试件屈服之前采用荷载控制，每级荷载增量约 10kN 并循环 1 次；当试件屈服后，按等幅位移增量控制，以屈服位移 Δ_y 的整数倍逐级增加，每级位移下循环 3 次[7-9]。当试件水平承载力下降到极限荷载的 85% 左右，或者发生明显破坏时，认为试件破坏，加载结束。

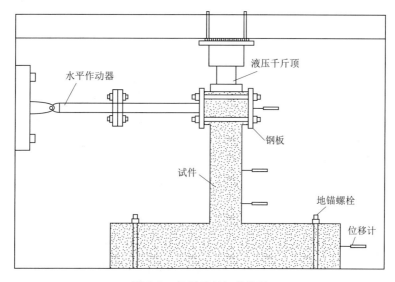

图 8.2 低周反复加载装置

试验的主要测点布置：柱顶加载梁中心的加载点、柱高的中部及柱底上方 10cm 分别布置直线位移传感器来测定相应水平位移。在基础梁上方和侧面中间位置布置三个位移计，用来观测柱底是否固定。在柱根范围内的箍筋、纵筋和型钢的腹板上分别布置应变片，以观测其应变情况。试验数据由 DH3818 静态应变测试分析系统采集。

8.2　试验结果及分析

8.2.1　试件的破坏过程

8.2.1.1　试件 HARC1

第一、二循环，加载初始阶段，试件所受的荷载较小，处于弹性阶段，变形基本可以完全恢复，未发现裂缝产生。

第三循环，正向加载，当水平荷载达到 24.1kN 时，试件在距基础梁上表面 109mm 的受拉区，出现第一条细小水平裂缝，长度为 50mm。负向加载至 27kN 时，柱子侧观测面的受压区出现第一条水平裂缝，长度为 52mm，裂缝呈水平走向距基础梁上表面约 92mm 处。

第四循环，正向加载至 38.2kN，第一条裂缝水平延伸 30mm，裂缝略微加宽至 0.4mm。试件正观测面出现两条水平裂缝，距基础梁上表面分别为 113mm 和 164mm。负向加载至 35.7kN，第一条裂缝斜水平向下延伸 40mm，缝距加宽至 0.5mm。正观测面出现两条水平裂缝，分别距基础梁上表面 101mm、146mm。

第五循环，正向加载至 48.6kN，受拉区柱根处出现一条新的水平裂缝，并且斜向上约 30°延伸，距基础梁上表面约 200mm。正向加载中所有裂缝延伸、扩展最宽处达 1mm，内部伴有轻微的混凝土劈裂声。负向加载至 47.2kN，所有裂缝延伸、扩展最宽处达 1.2mm，试件正观测面柱底出现较多的细小裂缝，且斜向左下方延展。受压区柱根也出现了一条水平裂缝，长度 53mm，距基础梁上表约 164mm。

第六循环，正向加载至 56.4kN，之前受压区的裂缝开始缓慢闭合，侧面柱根处的水平裂缝向正观测面逐渐延伸；当裂缝延伸至型钢翼缘处，由于翼缘的约束作用，部分裂缝转为其他方向发展，但发展速度较为缓慢。其他裂缝持续延伸、扩展最宽处达 1.8mm，混凝土保护层开始小块脱落。负向加载至 57.8kN，负向裂缝持续延伸、扩展最宽至 2.1mm，在柱试件根部型钢翼缘外侧的混凝土处，出现一些细微的竖向裂缝。

第七循环，继续正向加载，水平裂缝不断向正观测面延伸、扩展，裂缝宽度不断加大，此时裂缝最宽处达到 3mm。当裂缝增多在柱根处基本贯通，荷载达到 91.16kN 时，试件屈服。负向加载，裂缝加宽延伸至正观测面与正向加载裂缝相交。

第八循环，试件屈服后，改为位移控制加载。正向加载至位移 18.68mm 时，水平推力达到 100kN，此时原有裂缝继续延伸、扩展。负向加载至位移 18.92mm 时，水平推力达到 101kN，裂缝开展情况与正向加载相似。

第九循环，正负加载过程中，试件根部混凝土表面裂缝不断增多并相互贯通，裂缝宽度加大，裂缝最宽处达 2.2mm。受压区混凝土被压碎，保护层开始剥落，试件内部发出轻微的劈裂声。当正向位移为 38.72mm 时，试件达到最大承载力 117.92kN。

第十循环，继续加载，柱根处水平裂缝持续延伸扩展并基本贯通，缝距最宽处达4.6mm。受压区混凝土被压碎，大面积脱落，明显可以听到内部发出的"咔咔"声。当试件达到最大承载力后，水平荷载开始下降，但由于内部型钢的存在荷载下降较为缓慢。

第十一循环，正负循环加载完成后，试件根部混凝土大块压碎脱落，可以看到部分纵筋和箍筋外露，露出的纵筋明显屈曲，内部型钢产生局部屈曲，水平承载力迅速下降。当水平承载力下降到极限荷载的85%时，试件破坏，试验宣告终止。

8.2.1.2 试件 HARC2

第一、二循环，加载初期，试件承受荷载较小，处于弹性阶段，变形可以恢复，未发现裂缝产生。

第三循环，正向加载，当水平荷载达到25.39kN时，试件在距基础梁上表面106mm的受拉区，出现第一条细小水平裂缝，长度为51mm。负向加载至26kN时，柱子侧面的受压区出现第一条水平裂缝。

第四循环，正向加载至40.45kN，第一条裂缝水平延伸33mm，裂缝略微加宽至0.5mm。试件正观测面出现两条水平裂缝，距基础梁上表面分别为115mm和167mm。负向加载至40.1kN，第一条裂缝斜水平向下延伸43mm。

第五循环，正向加载至50.3kN，受拉区柱根处出现一条新的水平裂缝，并且斜向上30°延伸，距基础梁上表面195mm。正向所有裂缝延伸、扩展最宽处达1.2mm。负向加载至49.44kN，负向所有裂缝延伸、扩展最宽处达1.0mm，试件正观测面柱底出现较多的细小裂缝，且斜向左下方延展。受压区柱根也出现了一条水平裂缝，长度56mm，距基础梁上表面约154mm。

第六循环，正向加载至60.98kN，之前受压区的裂缝开始缓慢闭合，侧面柱根处的水平裂缝向正观测面逐渐延伸；当裂缝延伸至型钢翼缘处，由于翼缘的约束作用，裂缝发展速度较为缓慢。其他裂缝持续延伸、扩展最宽处达2mm，混凝土保护层开始小块脱落。负向加载至61.65kN，负向裂缝持续延伸、扩展加宽至2.3mm。

第七循环，继续正向加载，水平裂缝不断向正观测面延伸、扩展，裂缝宽度不断加大，此时裂缝最宽处达到3.5mm。当裂缝增多在柱根处基本贯通，荷载达到92.53kN时，试件屈服。

第八循环，试件屈服后，改为位移控制加载。正向加载至位移18.73mm时，水平推力达到103.18kN，此时原有裂缝继续延伸、扩展。负向加载至位移18.79mm时，水平推力达到102.64kN，裂缝开展情况与正向加载相似。

第九循环，正负加载过程中，试件根部混凝土表面裂缝不断增多并相互贯通，裂缝宽度加大，缝距最宽处达2.1mm。受压区混凝土被压碎，保护层开始剥落，试件内部发出轻微的劈裂声。当正向位移为38.89mm时，试件达到最大承载力122.35kN。

第十循环，继续加载，柱根处水平裂缝持续延伸、扩展，缝距最宽处达4.8mm。受压区混凝土被压碎，大面积脱落。当试件达到最大承载力后，水平荷载开始下降，但由于内部型钢的存在荷载下降较为缓慢。

第十一循环，正负循环加载完成后，试件根部混凝土大块压碎脱落，可以看到纵筋和箍筋外露，纵筋受压屈曲，内部型钢产生局部屈曲，水平承载力迅速下降。当水平承载力下降到极限荷载的 85% 时，试件破坏，试验宣告终止。

8.2.1.3　试件 HARC3

第一、二循环，加载初始阶段，试件所受的荷载较小，处于弹性阶段，变形基本可以完全恢复，未发现裂缝产生。

第三循环，正向加载，当水平荷载达到 30.12kN 时，试件在距基础梁上表面 115mm 的受拉区，出现第一条细小水平裂缝，长度为 47mm。负向加载至 28.4kN 时，柱子侧面的受压区出现第一条水平裂缝，长度为 55mm，裂缝呈水平走向距基础梁上表面约 97mm 处。

第四循环，正向加载至 41.51kN，第一条裂缝水平延伸 32mm，裂缝略微加宽至 0.3mm。试件正观测面出现两条水平裂缝，距基础梁上表面分别为 103mm 和 154mm。负向加载至 40.33kN，第一条裂缝斜水平向下延伸 36mm。正观测面出现两条水平弯曲裂缝，分别距基础梁上表面 111mm、156mm。

第五循环，正向加载至 50.26kN，受拉区柱根处出现一条新的水平裂缝，并且斜向上延伸，距基础梁上表面 206mm。正向所有裂缝延伸、扩展最宽处达 1mm。负向加载至 50.69kN，负向所有裂缝延伸、扩展最宽处 0.9mm，试件正观测面柱底出现较多的细小裂缝，且斜向左下方延展。受压区柱根也出现了一条水平裂缝，长度 53mm，距基础梁上表面 138mm。

第六循环，正向加载至 60.77kN，之前受压区的裂缝开始缓慢闭合，柱侧面根部的水平裂缝向正观测面逐渐延伸；当裂缝延伸至型钢翼缘处，由于翼缘的约束作用，裂缝发展速度较为缓慢。其他裂缝持续延伸、扩展最宽处达 1.7mm。负向加载至 59.82kN，负向裂缝持续延伸、扩展加宽至 1.9mm。

第七循环，继续正向加载，水平裂缝不断向正观测面延伸、扩展，裂缝宽度不断加大，此时裂缝最宽处达到 2.8mm。当裂缝增多在柱根处基本贯通，荷载达到 94.26kN 时，试件屈服。

第八循环，试件屈服后，改为位移控制加载。正向加载至位移 19.23mm 时，水平推力达到 108kN，此时正向裂缝延伸、扩展，程度不明显。负向加载至位移 19.34mm 时，水平推力达到 109.3kN，裂缝稍有延伸。

第九循环，正负加载过程中，试件根部混凝土表面裂缝不断增多并相互贯通，裂缝宽度加大，缝距最宽处达 2mm。受压区混凝土被压碎，保护层开始剥落，试件内部发出轻微的劈裂声。当正向位移为 39.1mm 时，试件达到最大承载力 128.93kN。

第十循环，继续加载，柱根处水平裂缝持续延伸扩展、基本贯通，缝距最宽处达 4.4mm。受压区混凝土被压碎，大面积脱落。当试件达到最大承载力后，水平荷载开始下降，但由于内部型钢的存在荷载下降较为缓慢。

第十一循环，正负循环加载完成后，试件根部混凝土大块压碎脱落，可以看到纵筋和箍筋外露且明显屈曲，内部型钢也发生局部屈曲。当水平承载力下降到极限荷载的 85% 时，试件破坏，试验宣告终止。

8.2.1.4　试件 HARC4

第一、二循环，加载初期，试件承受荷载较小，处于弹性阶段，变形可以恢复，未发现裂缝产生。

第三循环，正向加载，当水平荷载达到 27.48kN 时，试件在距基础梁上表面 119mm 的受拉区，出现第一条细小水平裂缝。负向加载至 28.5kN 时，柱子侧观测面的受压区出现第一条水平裂缝。

第四循环，正向加载至 40.2kN，第一条裂缝水平继续延伸，裂缝略微加宽至 0.4mm。试件正观测面出现两条水平裂缝，距基础梁上表面分别为 97mm 和 144mm。负向加载至 40.63kN，第一条裂缝斜水平向下延伸 43mm。正观测面出现两条水平弯曲裂缝。

第五循环，正向加载至 50.5kN，受拉区柱根处出现一条新的水平裂缝，距基础梁上表面 206mm。正向所有裂缝延伸、扩展最宽处达 1.1mm，内部伴有轻微的混凝土劈裂声。负向加载至 49.8kN 时，负向所有裂缝延伸、扩展最宽处达 1.2mm，试件正面柱底出现较多的细小裂缝，且斜向左下方延展。

第六循环，正向加载至 60.23kN，侧面柱根处的水平裂缝向正观测面逐渐延伸；当裂缝延伸至型钢翼缘处，由于翼缘的约束作用，裂缝发展速度较为缓慢。其他裂缝持续延伸最宽处达 1.9mm，混凝土保护层开始小块脱落。负向加载至 60.5kN，负向裂缝持续延伸加宽至 2mm。

第七循环，继续正向加载，水平裂缝不断向正观测面延伸、扩展，裂缝宽度不断加大，此时裂缝最宽处达到 3mm。当裂缝增多在柱根处基本贯通，荷载达到 93.92kN 时，试件屈服。

第八循环，试件屈服后，改为位移控制加载。正向加载至位移 19.31mm 时，水平推力达到 106kN；负向加载至位移 19.4mm 时，水平推力达到 106.45kN。原有裂缝继续延伸、扩展。

第九循环，正负加载过程中，试件根部混凝土表面裂缝不断增多并相互贯通，裂缝宽度加大，缝距最宽处达 2.1mm。受压区混凝土部分被压碎，试件内部发出轻微的劈裂声。

第十循环，继续加载，柱根处水平裂缝持续延伸扩展、基本贯通，缝距最宽处达 4.5mm。受压区混凝土被压碎，大面积脱落，可以明显听到内部发出的"咔咔"声。

第十一循环，正负循环加载完成后，试件根部混凝土大块压碎脱落，可以看到部分纵筋和箍筋外露，露出的纵筋明显受压屈曲，内部型钢也产生局部屈曲。当水平承载力下降到极限荷载的 85% 时，认为试件已经破坏，试验终止。

各试件的破坏形态如图 8.3 所示。

8.2.2 滞回曲线

滞回曲线是结构/构件在力循环往复作用下得到的荷载-变形曲线。滞回曲线是构件抗震性能的综合表现，其形状越饱满、圆滑，则结构/构件的耗能能力越强、延性越好，抗震性能也越好。本试验各个试件的实测荷载-位移曲线（$P-\Delta$ 曲线）如图 8.4 所示，为方便比较，第 3、7 章普通风积沙混凝土试件 ARC1、ARC2、ARC3、ARC4 的滞回曲线一并给出。由图 8.4 可知，加载初期（试件开裂之前），各试件基本处于弹性工作状态，荷载和位移成比例增加，滞回曲线大多在一条直线上重合，滞回环面积比较小。此时，卸载后变形可基本恢复，残余变形很小，刚度退化不明显。继续加载，随着荷载的增大，曲线

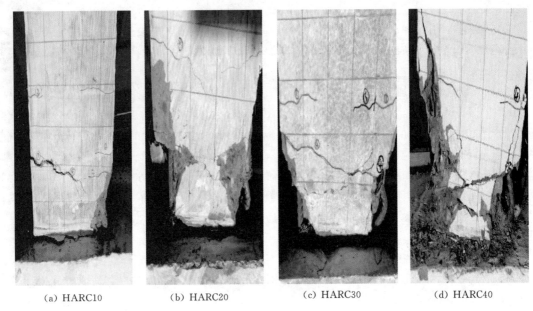

（a）HARC10　　　（b）HARC20　　　（c）HARC30　　　（d）HARC40

图 8.3　各试件的破坏特征

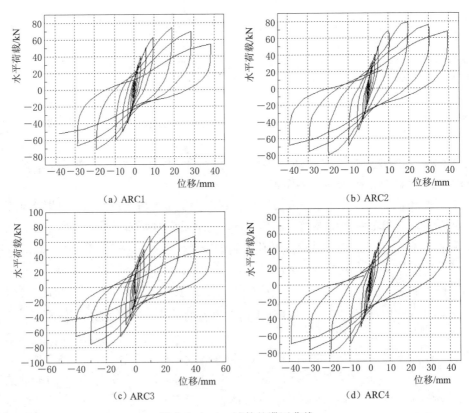

（a）ARC1　　　　　　　　　　　　　（b）ARC2

（c）ARC3　　　　　　　　　　　　　（d）ARC4

图 8.4（一）　试件的滞回曲线

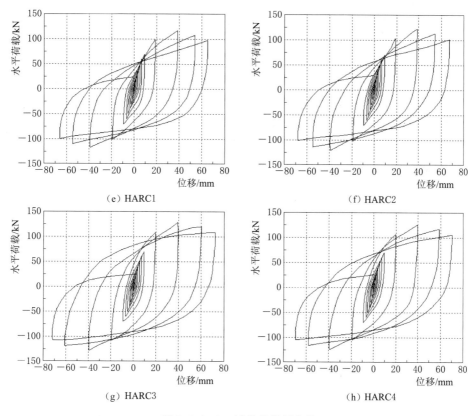

（e）HARC1 （f）HARC2

（g）HARC3 （h）HARC4

图 8.4（二） 试件的滞回曲线

逐渐倾斜于位移轴且斜率慢慢降低，变形速度加快。当把水平荷载卸到 0 时，试件出现较大的残余变形，刚度开始降低，此时进入弹塑性工作状态。试件屈服后，试验进入位移控制加载阶段，此后加卸载刚度发生突变，并且随着荷载循环次数的增加，这种刚度退化现象越来越明显。滞回环愈加饱满，其包围的面积也在不断增加，耗能也不断增加。在第二级位移控制 $2\Delta_y$ 处，试件达到最大水平荷载，之后水平承载力开始下降，变形加剧。卸载时位移滞后，曲线几乎平行于荷载轴。当试件濒临破坏时，曲线发生突变，试验结束。

相同风积沙取代率下，型钢风积沙混凝土柱试件因为内部型钢的存在，没有显现出对应的普通风积沙混凝土柱那样明显的捏缩现象，极限荷载之后试件水平承载力下降较为缓慢。这是因为随着加载循环次数的增加，型钢外围的混凝土开裂严重且钢筋开始屈服之后，型钢本身作为试件最后一道抗震防线仍然可以抵抗一定的水平荷载。在风积沙混凝土柱中设置型钢，可以使柱试件的滞回曲线更加饱满，显著提高试件的承载力和变形能力。对于型钢风积沙混凝土柱试件而言，随着取代率的提高，滞回曲线愈加饱满，在风积沙取代率为 30％时滞回曲线最为饱满；但当风积沙取代率继续提高时，滞回环面积反而有所减小。

8.2.3 骨架曲线

试件的骨架曲线是指荷载-位移曲线（P-Δ 曲线）的各级加载第一次循环的峰值点

所连成的包络线。如图 8.5 所示为各个试件的骨架曲线，为方便比较，第 3、7 章普通风积沙混凝土试件 ARC1、ARC2、ARC3、ARC4 的骨架曲线一并给出。通过图 8.5 图可知，每个试件的骨架曲线都经历了弹性阶段、屈服阶段、强化阶段和破坏阶段，若将试件 ARC1、ARC2、ARC3、ARC4 视为 1 组，试件 HARC1、HARC2、HARC3、HARC4 视为 1 组，则每组试件的骨架曲线形状基本类似。加载初始阶段，荷载较小，各试件处于弹性状态，骨架曲线均成一条直线上升；但由于试件 HARC1、HARC2、HARC3、HARC4 内部设置型钢，其初始刚度较大，骨架曲线在试件 ARC1、ARC2、ARC3、ARC4 的上方。此外，试件 HARC1、HARC2、HARC3、HARC4 的骨架曲线的下降段比起试件 ARC1、ARC2、ARC3、ARC4 来讲，下降得更为平缓，体现了更好的后期变形能力。在风积沙取代率相同的情况下，型钢风积沙混凝土柱试件与对应的普通风积沙混凝土柱试件相比，承载力有显著提高，最终变形显著增大，延性也明显改善。

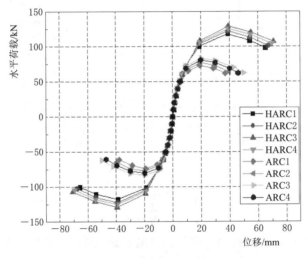

图 8.5 试件的骨架曲线

通过比较试件 HARC1、HARC2、HARC3、HARC4 的骨架曲线可知，随着风积沙取代率的增大，试件的承载力和延性也相应提高，其中 30% 的风积沙取代率效果最佳，但当风积沙取代率继续提高到 40% 时，承载力反而有所减小。

8.2.4 特征值

各个试件在不同受力状态下的荷载、位移特征值及延性见表 8.4。为方便比较，第 3、7 章普通风积沙混凝土试件 ARC1、ARC2、ARC3、ARC4 的特征值一并给出。通过研究结构或构件的延性，可判断其加载后期的变形能力。本书用延性系数来表征构件的延性，延性系数取极限变形与屈服位移[10-11]的比值，其中极限变形取试件荷载下降到极限承载力的 85% 时所对应的位移。表中，F_{cr} 和 Δ_{cr} 分别为试件首次出现裂缝时对应的荷载和位移；F_y 和 Δ_y 分别为试件屈服时对应的荷载和位移；F_{max} 为试件的极限荷载，相对应的极限位移为 Δ_{max}；F_u 为试件的破坏荷载，相对应的破坏位移是 Δ_u。

表8.4						每个试件的荷载位移特征值及延性			
试件编号	初裂状态		屈服状态		极限状态		破坏状态		延性系数
	F_{cr}/kN	Δ_{cr}/mm	F_y/kN	Δ_y/mm	F_{max}/kN	Δ_{max}/mm	F_u/kN	Δ_u/mm	μ_Δ
ARC1	21.60	1.51	63.79	9.25	74.83	19.10	63.56	36.73	3.97
ARC2	23.20	1.64	67.63	9.43	77.85	19.70	66.28	39.10	4.15
ARC3	24.70	1.58	69.44	9.64	83.25	19.94	70.76	42.80	4.44
ARC4	23.80	1.52	68.35	9.58	80.49	19.82	68.41	40.60	4.24
HARC1	24.10	4.29	91.16	13.68	117.92	38.72	98.20	65.20	4.77
HARC2	25.39	4.76	92.53	13.89	122.35	41.50	103.73	67.43	4.85
HARC3	30.12	4.97	94.26	14.03	128.52	43.20	109.45	71.68	5.11
HARC4	27.48	4.85	93.92	13.96	125.39	42.30	106.24	69.78	5.00

通过比较各试件的特征值可知，随着风积沙取代率的提高，型钢风积沙混凝土柱试件的各项特征荷载及延性均有一定的提高；但在取代率由30%增加到40%时，各项特征值反而有所减小。这是因为随着风积沙取代率的提高，风积沙作为超细砂使混凝土内部填充更为均匀，可以适当提高混凝土的强度。当风积沙取代率更高时，由于风积沙本身由松散母岩风化而成，自身的强度比河砂略小；此外风积沙虽然可以更好地填充混凝土内部的空隙，但是其比表面积较大，需要的水泥浆量也会大幅度增加，导致混凝土的水泥量相对不足，从而引起混凝土强度的下降[12-13]。

此外，在风积沙取代率相同的情况下，型钢风积沙混凝土柱试件与对应的普通风积沙混凝土柱试件相比，各项特征值有显著改善。例如：与试件ARC1相比，HARC1试件的开裂荷载提高了11.6%，屈服荷载提高了43.5%，极限承载力提高了57.5%，破坏荷载提高了54.4%，延性系数提高了20.1%；与试件ARC2相比，HARC2试件的开裂荷载提高了9.5%，屈服荷载提高了36.8%，极限承载力提高了57.2%，破坏荷载提高了56.5%，延性系数提高了16.9%；与试件ARC3相比，HARC3试件的开裂荷载提高了21.9%，屈服荷载提高了35.7%，极限承载力提高了54.4%，破坏荷载提高了54.7%，延性系数提高了15.1%；与试件ARC4相比，HARC4试件的开裂荷载提高了15.5%，屈服荷载提高了37.4%，极限承载力提高了55.8%，破坏荷载提高了55.3%，延性系数提高了17.9%。

8.2.5 刚度退化曲线

在低周反复荷载作用下，由于材料的弹塑性特征以及损伤累积效应，导致试件刚度随荷载及位移加载循环次数的增加而不断减小，这种现象称为刚度退化[14-15]。如图8.6所示为各试件的刚度退化曲线[16]对比图（为方便比较，第3、7章普通风积沙混凝土试件ARC1、ARC2、ARC3、ARC4的相关数据一并给出）。

由于内部型钢的存在，试件HARC1、HARC2、HARC3、HARC4初始刚度明显大于试件ARC1、ARC2、ARC3、ARC4。从开始加载至试件开裂之前，试件基本处于弹性工作状态，刚度退化不明显。继续加载，当试件到达屈服阶段时，刚度退化至开裂时刚度的43.4%~47.2%。进入试验的位移控制阶段后，随荷载循环次数的增加，刚度退化曲

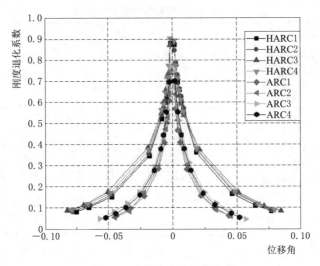

图 8.6　试件的刚度退化曲线

率加快，曲线逐渐向水平轴倾斜，破坏时刚度下降到开裂时刚度的 9.7% ~ 10.5%。

随循环次数的增多，两组试件刚度退化表现出明显的差异，但进入屈服阶段之后刚度退化率都明显加快。试件 ARC1、ARC2、ARC3、ARC4 的刚度退化速率较快，而试件 HARC1、HARC2、HARC3、HARC4 的刚度退化曲线较为平缓。对后者来说，在加载后期，随着混凝土开裂越来越严重，钢筋进入屈服阶段，试件内部的型钢仍然可以提供较稳定的刚度。这表明内部型钢的设置可以显著提高试件的初始刚度，延缓其刚度退化速率，在加载后期为试件提供较好的刚度储备。

8.2.6　耗能能力

结构或构件的耗能能力是指在地震反复荷载下吸收能量的大小，是评价抗震性能的重要依据[17-18]。如图 8.7 所示为每个试件的累积耗能[19]，为方便比较，第 3、7 章普通风积沙混凝土试件 ARC1、ARC2、ARC3、ARC4 的相关数据一并给出。从图中可知，随着

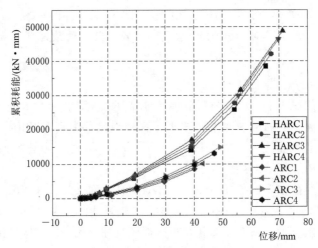

图 8.7　试件的累积耗能曲线

风积沙取代率的提高，型钢风积沙混凝土柱试件的累积耗能均有一定的提高；但在取代率由 30% 增加到 40% 时，累积耗能值反而有所减小。此外，在风积沙取代率相同的情况下，型钢风积沙混凝土柱试件与对应的普通风积沙混凝土柱试件相比，累积耗能值有显著提高。这表明，试件内部设置工字型钢可以明显提高风积沙混凝土柱的抗震耗能能力。

8.3 本章小结

本章结合型钢和风积沙混凝土结构各自的特点，提出型钢风积沙混凝土柱，设计、制作了 4 个柱试件，并对其地震损伤性能进行试验研究。主要可以得出以下结论：

（1）试验过程中，在相同的荷载和位移条件下，与普通风积沙混凝土柱试件相比，型钢风积沙混凝土柱试件的累积损伤更小。

（2）与普通风积沙混凝土柱试件相比，型钢风积沙混凝土柱试件的承载力、变形能力、抗震耗能能力有明显提高，刚度退化更慢，总体表现出良好的抗震性能。

（3）在型钢风积沙混凝土柱试件外围的混凝土破坏较严重、钢筋也屈服之后，内部的型钢仍然可以承担一定的水平荷载。这种受力模式，可以为试件提供更好的安全储备，有利于实现"大震不倒"的抗震设防目标。

<h2 style="text-align:center">参 考 文 献</h2>

［1］ 薛建阳，林建鹏，马辉. 型钢再生混凝土柱抗震性能试验研究 ［J］. 西安建筑科技大学学报（自然科学版），2013，45（5）：615-621.

［2］ 薛建阳，周超锋，刘祖强. 型钢混凝土异形柱损伤行为及性能量化指标研究 ［J］. 土木工程学报，2020，53（2）：1-11.

［3］ 李俊华，王新堂，薛建阳，等. 低周反复荷载下型钢高强混凝土柱受力性能试验研究 ［J］. 土木工程学报，2007（7）：11-18.

［4］ 曹万林，郭华镇，吕西林，等. 不同配钢型式圆截面型钢混凝土巨型柱抗震性能 ［J］. 自然灾害学报，2019，28（6）：1-9.

［5］ 李晓东，郑志远，魏晓，等. 火灾后十字形型钢混凝土柱抗震性能试验研究 ［J］. 建筑结构，2020，50（1）：69-73.

［6］ 许奇琦，曾磊，许成祥. 震损型钢混凝土柱-型钢混凝土梁框架结构外包钢套加固试验研究 ［J］. 建筑结构学报，2019，40（S1）：11-17.

［7］ 张建伟，李晨，冯曹杰，等. HRB600 级钢筋钢纤维高强混凝土柱抗震性能研究 ［J］. 建筑结构学报，2019（10）：113-121.

［8］ W. Q. Zhu, J. Q. Jia, J. C. Gao, et al. Experimental study on steel reinforced high strength concrete columns under cyclic lateral force and constant axial load ［J］. Engineering Strcuctures, 2016，(125)：191-204.

［9］ S. S. Zhen, Q. Qin, Y. X. Zhang. et al. Research on seismic behavior and shear strength of SRHC frame columns ［J］. Earthquake Engineering and Engineering Vibration, 2017，16（2）：349-369.

［10］ Mahin S A, Bertero V V. Problems in establishing and predicting ductility in aseismic design ［C］. Proceedings of the International Symposium on Earthquake Structural Engineering, St. Louis, USA，1976：613-628.

［11］　郑文忠，周滔，王英. 混凝土柱位移延性系数计算方法及分析 ［J］. 建筑结构学报. 2014，35（增刊 1）：151 - 158.

［12］　付杰，马菊荣，刘海峰. 粉煤灰掺量和沙漠砂取代率对沙漠砂混凝土力学性能影响 ［J］. 广西大学学报（自然科学版），2015，40（1）：93 - 98.

［13］　包建强，邢永明，刘霖. 风积沙混凝土的基本力学性能试验研究 ［J］. 混凝土与水泥制品，2015（11）：8 - 11.

［14］　马辉. 型钢再生混凝土柱抗震性能及设计计算方法研究 ［D］. 西安：西安建筑科技大学，2013.

［15］　FAJFAR P. Equivalent ductility factors taking into account low - cycle fatigue ［J］. Earthquake Engineering and Structural Dynamics，1992，21：837 - 848.

［16］　Y. H. Wang，Z. Y. Gao，Q. Han，L. Feng，et al. Experimental study on the seismic behavior of a shear wall with concrete - filled steel tubular frames and a corrugated steel plate ［J］. Structural Design of Tall And Special Buildings，2018，27（15）：23 - 31.

［17］　Zheng Shansuo，Qin Qing，Zhang Yixin. Research on seismic behavior and shear strength of SRHC frame columns ［J］. Earthquake Engineering and Engineering Vibration，2017，16（2）：349 - 364.

［18］　李俊华，王新堂，薛建阳，等. 低周反复荷载下型钢高强混凝土柱受力性能试验研究 ［J］. 土木工程学报，2007（7）：11 - 18.

［19］　建筑抗震试验规程：JGJT 101—2015 ［S］. 北京：中国建筑工业出版社，2015.

第9章 方钢管风积沙混凝土柱地震损伤试验研究

方钢管混凝土柱具有承载力高、刚度大、延性以及耗能能力良好等优点，是高层框架结构中关键的抗侧力构件，也受到我国学者的重视。

吴诚等通过低周反复荷载试验研究了方钢管超高性能混凝土短柱的抗震性能，研究结果表明：方钢管超高性能混凝土短柱的破坏形态与方钢管普通混凝土短柱相似，但是超高性能钢纤维混凝土填充方钢管的柱子表现出了更好的延性、耗能能力和滞回性能[1]。邢民等通过拟静力试验研究了碳纤维钢骨-钢管混凝土柱在循环荷载作用下的力学性能，结果表明：碳纤维层数的增多，对构件初期刚度影响不大，试件的极限荷载值有所提高；构件的轴压比在一定范围内越大，试件的极限承载力降低，试件后期越容易出现快速破坏；随着构件内部钢管直径变大，构件的极限承载力有所提高；总体上看碳纤维钢骨-钢管混凝土柱具有良好的抗震性能[2]。张淑君等进行了3根钢管再生混凝土柱和1根普通钢管混凝土的拟静力试验，结果表明：柱的滞回曲线形状较为饱满，具有良好的变形能力及耗能能力；再生集料替代率对柱的承载力、延性、耗能能力和刚度退化影响不大；含钢率对柱抗震性能的影响较为明显，含钢率越大，柱的抗震性能越好[3]。张锐等设计、制作了3根方钢管再生混凝土柱并进行在定常轴力和水平低周反复荷载作用下的试验，结果表明：方钢管再生混凝土柱表现出良好的抗震性能，随着含钢率的上升，方钢管再生混凝土柱的水平承载力显著增加，延性和耗能能力也随之提高；随着再生集料取代率的增大，方钢管再生混凝土柱的水平承载力小幅下降，延性和耗能能力略有降低[4]。张向冈等进行了1榀圆钢管再生混凝土柱-钢筋再生混凝土梁框架和1榀方钢管再生混凝土柱-钢筋再生混凝土梁框架的拟静力试验，研究结果表明：试件梁端出现弯剪破坏或弯曲破坏，梁先出铰，柱后出铰；试件的滞回曲线基本对称，呈现出比较饱满的梭形；该论文所建立的恢复力模型可以用于所研究的新型组合结构的弹塑性地震反应分析[5]。

在以上国内外学者研究的基础上，为推广风积沙资源在框架组合结构中的应用，本书提出方钢管风积沙混凝土柱。为研究其地震损伤规律，设计、制作了4个不同风积沙取代率的试件，并进行了低周反复加载试验。

9.1 试验用材及试验方法

9.1.1 试件设计

试验以方钢管风积沙混凝土柱为研究对象，共设计、制作了4个试件，编号为FARC1、FARC2、FARC3、FARC4，风积沙取代率分别为10%、20%、30%、40%。

各试件尺寸均为 250mm×250mm×1350mm，其中柱子有效高度 750mm，剪跨比为 3。混凝土柱保护层厚度为 15mm。外包钢管的材质等级为 Q235，壁厚为 3mm。为使试件更好地固定在基础中，在钢管伸入基础的部分焊接横向加强环并且在加强环上表面焊接竖向靴板。各试件的基本设计参数见表 9.1，为方便对比研究，引入本课题组前期已完成的 4 根普通风积沙混凝土柱试件（第 3、7 章所述的试件 ARC1、ARC2、ARC3、ARC4）的相关数据。试件的具体几何尺寸及构造如图 9.1 所示。

表 9.1　　　　　　　　　　　　　　　　试件的基本设计参数

试件编号	混凝土立方体抗压强度/MPa	钢管抗拉强度/MPa	混凝土轴心抗压强度/MPa	钢管混凝土套箍指标	轴力/kN	控制轴压比
ARC1	39.1	—	26.2	—	257.1	0.2
ARC2	39.5	—	26.4	—	259.1	0.2
ARC3	40.4	—	27.0	—	264.9	0.2
ARC4	40.0	—	26.8	—	263.0	0.2
FARC1	39.3	308.0	26.3	0.58	258.1	0.2
FARC2	39.6	308.0	26.5	0.58	260.0	0.2
FARC3	40.2	308.0	26.9	0.57	264.0	0.2
FARC4	40.0	308.0	26.8	0.57	263.0	0.2

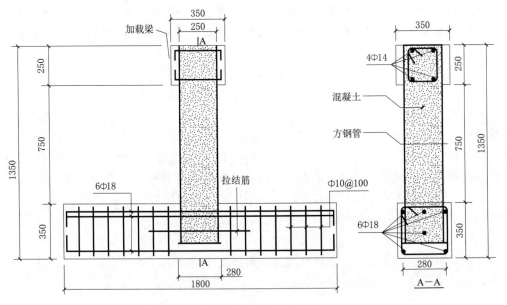

图 9.1　试件几何尺寸及构造（单位：mm）

9.1.2　材料性能

本书采用 42.5R 普通硅酸盐水泥；细集料为特细风积沙（取自内蒙古自治区库布齐沙漠周边）和天然河砂（最大粒径 0.5mm，连续级配，细度模数 2.7）；粗集料为粒径 5~25mm，连续级配的天然河卵石；搅拌水为自来水，外加剂为萘系减水剂，外掺料为粉煤灰。风积沙混凝土配合比见表9.2。试验中箍筋和纵筋分别为HPB300级和HRB400级钢筋，方钢管为直缝焊管。实测钢筋及钢管的基本力学性能见表9.3。

表9.2 混凝土的材料类别与配合比 单位：kg/m³

混凝土等级	组 分 及 用 量					
	水泥	粉煤灰	水	石子	河砂	减水剂
C40	389.28	43.62	205	1266	492.30	3.27

表9.3 钢材基本力学性能

钢材种类	牌号	直径/mm	屈服强度/MPa	抗拉强度/MPa	弹性模量/MPa	伸长率/%
钢筋	HRB300	8	340.5	440.9	2.05×10^5	27
	HRB300	10	360.2	470.4	2.05×10^5	25
	HRB400	14	410.2	608.8	2.10×10^5	28
	HRB400	18	430.3	620.5	2.10×10^5	33
方钢管	Q235	250	340	440	2.20×10^5	30

9.1.3 试验装置及加载制度

试验装置如图9.2所示，竖向荷载由量程5000kN的液压千斤顶施加，水平荷载由固定于反力墙上的成都电液伺服加载系统施加。在柱的加载顶端（加载梁中心处）、中部、柱底各放置1个位移计，以测量试件在加载过程中的位移变化。基础梁侧面和上表面中部两侧放置位移计，随时监测基础梁是否产生水平位移和竖向位移并及时采取措施。基础梁上表面放置两块压梁，压梁通过地锚螺栓固定。数据由DH3818-2静态应变测试系统自动采集。

图9.2 试验装置图

加载制度采用荷载-位移混合控制加载，如图9.3所示。图中，Δ为试件加载位移，Δ_y为试件屈服位移，F为柱顶水平控制荷载。试件屈服前采用荷载控制，每级荷

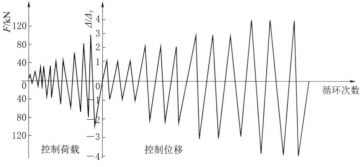

图9.3 试验加载历程

载增量 10kN，每级荷载循环 1 次；屈服后采用位移控制，每级加载位移为屈服位移的整数倍，每级位移循环 3 次[6-8]。加载直至试件的水平荷载下降至最大荷载的 85％或试件明显破坏时停止，试验结束。为了便于描述，规定给试件施加的荷载与位移推时为正，拉时为负。

9.2 试验结果及分析

9.2.1 试件的破坏过程

各试件的破坏特征如图 9.4 所示。

(a) FARC1　　　(b) FARC2　　　(c) FARC3　　　(d) FARC4

图 9.4 试件的破坏特征

加载初期，试件基本处于弹性阶段，无明显变形。随着控制荷载的继续增加，当钢管应变超过屈服应变时，可听到钢管内传出混凝土的脆裂声，此时方钢管两侧用肉眼观察尚无鼓曲。由于试件初试偏心距和加载过程中累积损伤的存在，使得试件正负向屈服位移存在一定的差值，因此在位移加载过程中，取正负向屈服位移的平均值作为试件的屈服位移。各试件在控制位移达到 Δ_y 时，试件正向受压侧方钢管鼓曲高度（方钢管鼓曲高度 h 是指水平鼓曲的最高点到原平面的垂直距离）达到 5～6mm，鼓曲位置距离基础梁大约 70mm 左右。当反向施加水平荷载时，随着反向位移的增大，正向鼓曲高度逐渐减小，同时负向鼓曲高度增加；当控制位移达到 $-\Delta_y$ 时负向鼓曲高度达到 6～7mm（由于累计损伤的存在使得负向位移时鼓曲高度略大于正向时的鼓曲高度），钢管正向局部屈曲基本被拉平。当控制位移达到 $2\Delta_y$ 时，鼓曲高度逐渐升高至 13.5～14mm，同时鼓曲宽度逐渐增大。钢管与加载方向平行的两侧开始出现轻微的鼓曲，但鼓曲高度低于受压和受拉两侧。当控制位移达到 $3\Delta_y$ 时，鼓曲高度达到 18.5～21mm，此阶段达到了试件的峰值荷载，柱底的鼓曲现象急剧变化，鼓曲范围进一步增加，方钢管上的油漆开始脱落，与加载方向平行的两侧出现明显的鼓曲。当控制位移达到 $4\Delta_y$ 时，鼓曲高度达到 21～23mm，柱底的 4 个侧面均出现严重的向外鼓曲现象，形成了环向鼓曲状，在鼓曲范围内，方钢管表面的油漆出现剥落现象。

9.2.2 滞回曲线与骨架曲线

两组试件的水平荷载与位移滞回曲线如图 9.5 所示。图中 θ 是位移角，取试件的侧向位移 Δ 和试件的有效高度 H 的比值；黑色圆点代表试件的屈服点。为方便对比研究，引入本课题组前期已完成的 4 根普通风积沙混凝土柱试件（第 3、7 章所述的试件 ARC1、ARC2、ARC3、ARC4）的滞回曲线。通过对比各试件的滞回曲线可知：

（1）各试件在屈服前，滞回曲线较为狭长，包围的面积较少，试件耗能也较少。试件屈服之后，随着位移不断增加，试件的残余变形逐渐增大，滞回曲线逐渐靠近位移轴，反映出试件强度和刚度在逐级退化，试件的损伤也在逐级增加，但滞回曲线与坐标轴包围的面积逐渐增大，说明试件的耗能量也在逐渐增大。

（2）在风积沙取代率相同的情况下，方钢管风积沙混凝土柱试件与对应的普通风积沙混凝土柱试件相比，滞回曲线明显更为饱满，且前者没有明显的"捏拢"现象，这表明前者具有更好的承载力、变形能力和抗震耗能能力。

（3）对方钢管风积沙混凝土柱试件而言，风积沙取代率在 0～30％ 的范围内，随着取代率的提高，滞回曲线趋于更加饱满；但取代率从 30％ 提高到 40％ 后，滞回曲线的饱满

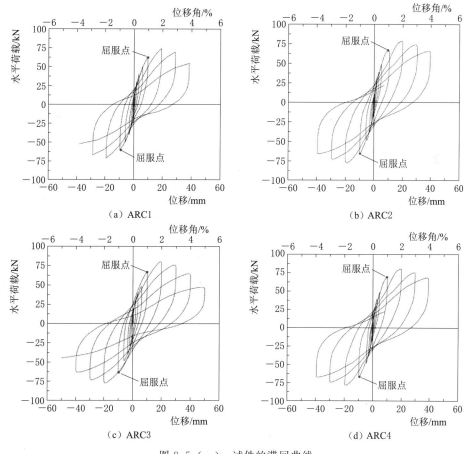

（a）ARC1　　　　　　　　　　（b）ARC2

（c）ARC3　　　　　　　　　　（d）ARC4

图 9.5（一）　试件的滞回曲线

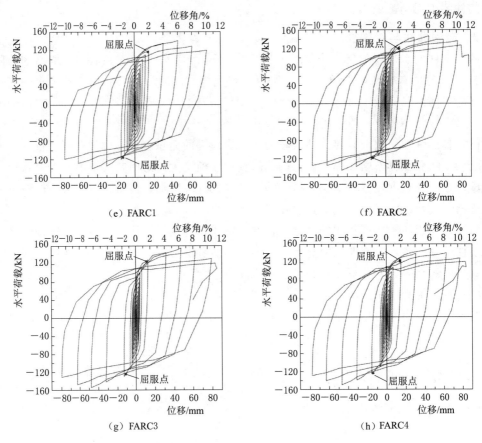

（e）FARC1　　　　　　　　　　　　　（f）FARC2

（g）FARC3　　　　　　　　　　　　　（h）FARC4

图 9.5（二）　试件的滞回曲线

程度稍有下降。

　　如图 9.6 所示为各试件的水平荷载-位移骨架曲线。为方便对比研究，引入本课题组前期已完成的 4 根普通风积沙混凝土柱试件（第 3、7 章所述的试件 ARC1、ARC2、ARC3、ARC4）的骨架曲线。通过图 9.6 可知，比较正反向水平荷载-位移骨架曲线，在屈服前，试件处于弹性阶段，水平荷载-位移骨架曲线近似直线，所以骨架曲线基本对称。屈服后试件进入弹塑性阶段，正向加载结束后试件存在一定的残余变形，反向加载时需要抵消试件中的残余变形，同时正向加载时试件已经有一定的损伤积累，因此反向加载时的水平承载比相应的正向承载力略低。一般而言，正向时的峰值荷载高于反向时的峰值荷载。在相同风积沙取代率下，方钢管风积沙混凝土柱试件的峰值荷载明显高于相对应的普通风积沙混凝土柱试件。当风积沙取代率小于 30% 时，随着取代率的提高，试件的承载力也在提高，在风积沙取代率为 30% 时最明显，即试件 FARC3 的峰值荷载最大。但当风积沙取代率继续提高时，试件的峰值荷载反而有所减小。

9.2.3　特征值与延性分析

　　各试件的特征值见表 9.4，为方便对比研究，引入本课题组前期已完成的 4 根普通风积沙混凝土柱试件（第 3、7 章所述的试件 ARC1、ARC2、ARC3、ARC4）的特征值。

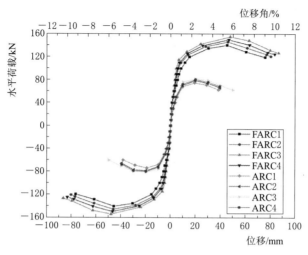

图 9.6　试件的骨架曲线

表中，F_{cr} 和 Δ_{cr} 分别为试件首次出现裂缝时对应的荷载和位移；F_y 和 Δ_y 分别为试件屈服时对应的荷载和位移；F_{max} 为试件的极限荷载，相对应的极限位移为 Δ_{max}；F_u 为试件的破坏荷载，相对应的破坏位移是 Δ_u。延性系数取破坏位移与屈服位移[9]的比值。

表 9.4　试件的特征值

试件编号	开裂点		屈服点		极限点		破坏点		延性系数
	F_{cr} /kN	Δ_{cr} /mm	F_y /kN	Δ_y /mm	F_{max} /kN	Δ_{max} /mm	F_u /kN	Δ_u /mm	
ARC1	21.60	1.51	63.79	9.25	74.80	19.12	63.56	36.73	3.97
ARC2	23.20	1.64	67.63	9.43	79.80	19.71	68.20	39.10	4.15
ARC3	24.70	1.58	69.44	9.64	82.30	19.94	69.90	42.80	4.44
ARC4	23.90	1.59	68.87	9.55	80.65	19.84	68.52	39.25	4.11
FARC1	—		118.12	15.1	140.8	45.3	119.68	77.2	5.01
FARC2			122	15.3	146.2	45.9	124.27	80.1	5.24
FARC3	—	.	129	15.9	155	47.7	131.75	86.5	5.65
FARC4	—		125	15.5	150	46.5	127.5	83.2	5.20

（1）随着风积沙取代率的提高，试件按照 ARC1、ARC2、ARC3、ARC4 的顺序，屈服荷载、峰值荷载和破坏荷载逐渐提高。当风积沙掺量不变时，由于方钢管对核心混凝土具有良好的约束能力，使得试件 FARC1、FARC2、FARC3、FARC4 的极限承载力分别比试件 ARC1、ARC2、ARC3、ARC4 提高了 84.5%、85.7%、88.3%、86.1%，这表明方钢管的加入能显著提高试件的水平承载力。在受荷过程中，方钢管对其内部材料的约束作用可以使风积沙混凝土处于三向受压状态，提高了混凝土的抗压强度，同时钢管内部的风积沙混凝土又可以有效地防止钢管发生局部屈曲，两者共同发挥作用，从而显著地提高了试件的承载能力。

（2）随着风积沙取代率的提高，试件按照 FARC1、FARC2、FARC3、FARC4 的顺序，延性逐步提高，30％风积沙取代率时试件延性最优，其中 40％风积沙取代率的延性介于 20％～30％之间。试件 FARC1、FARC2、FARC3、FARC4 的延性分别比试件 ARC1、ARC2、ARC3、ARC4 提高了 26.17％、26.26％、27.25％、26.52％，表明当风积沙取代率保持不变时，方钢管风积沙混凝土柱比普通风积沙柱具有更好的后期变形能力。

9.2.4　耗能能力

各试件累积耗能曲线[10-11]如图 9.7 所示。为方便对比研究，引入本课题组前期已完成的 4 根普通风积沙混凝土柱试件（第 3、7 章所述的试件 ARC1、ARC2、ARC3、ARC4）的累积耗能值。由图 9.7 可知，随着侧向位移的增加，试件的累积耗能值逐渐提升。在相同风积沙取代率下，方钢管风积沙混凝土柱试件的耗能能力明显高于相对应的普通风积沙混凝土柱试件，这表明外包方钢管可以显著提高试件的耗能能力。这是由于钢管和风积沙混凝土之间的相互作用使钢管内部风积沙混凝土的破坏由脆性破坏转变为塑性破坏，钢管的材料性能也得到充分发挥，试件的承载力和延性性能得到明显改善，从而使试件的耗能能力显著提高。当风积沙取代率小于 30％时，随着取代率的提高，试件的耗能能力也在提高，在风积沙取代率为 30％时最明显；当取代率由 30％提高到 40％时，试件的耗能能力反而有所下降。

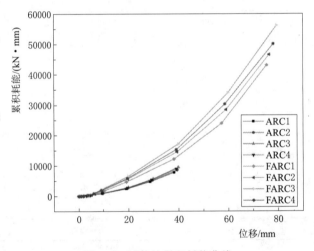

图 9.7　试件的累积耗能曲线

9.2.5　刚度退化曲线

采用割线刚度[12]研究试件在低周反复荷载作用下的刚度退化规律。各试件割线刚度系数（割线刚度系数是指试件加载时各级割线刚度占初始割线刚度的百分比，令初始割线刚度为 1）与位移角的关系曲线如图 9.8 所示，为方便对比研究，引入本课题组前期已完成的 4 根普通风积沙混凝土柱试件（第 3、7 章所述的试件 ARC1、ARC2、ARC3、ARC4）的刚度退化曲线。

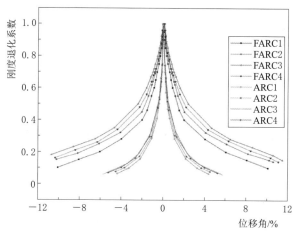

图 9.8 试件的刚度退化曲线

由图 9.8 可知,各试件割线刚度系数随着位移幅值的增加而逐渐降低,尤其是试件屈服后各试件的刚度退化较为显著,但是加载到各试件峰值荷载后,刚度衰减趋于平缓。在屈服后,由于方钢管对核心风积沙混凝土具有较强的约束能力,可以使风积沙混凝土很好地处于三向受压状态,同时钢管内部的风积沙混凝土又可以有效地防止钢管发生局部屈曲,充分发挥了两种材料各自的力学性能,使外包方钢管试件的刚度退化速度明显缓于普通风积沙混凝土试件,这也表明前者具有更好的后期刚度储备。

9.3 本章小结

本书提出方钢管风积沙混凝土柱,通过低周反复加载试验,研究其地震损伤规律,主要结论如下:

(1) 试验结果表明,相同荷载和位移条件下,方钢管风积沙混凝土试件比风积沙取代率相同的普通风积沙混凝土试件的损伤程度明显更小。

(2) 外包方钢管的约束作用可以显著提高风积沙混凝土柱试件的承载力、变形能力、滞回特性和抗震耗能能力,延缓试件的后期刚度退化。

(3) 对于方钢管风积沙混凝土试件,在风积沙取代率在 0~30% 范围内时,试件的各项抗震性能指标随着取代率的提高趋于改善;在风积沙取代率由 30% 提高至 40% 后,试件的各项抗震性能指标稍有下降。

<h2 style="text-align:center">参 考 文 献</h2>

[1] 吴诚,徐慎春,赵秋山,等. 方钢管超高性能混凝土短柱抗震性能试验研究 [J]. 工业建筑, 2019, 49 (12): 188-194.

[2] 邢民,王越. 碳纤维钢骨-钢管混凝土柱抗震性能研究 [J]. 水利与建筑工程学报, 2018, 16 (2): 152-156, 183.

[3] 张淑君,张震. 方钢管再生混凝土柱恢复力模型研究 [J]. 长江大学学报(自科版), 2016,

13 (7)：53－58，5.

［4］ 张锐. 方钢管再生混凝土柱抗震性能试验研究［D］. 合肥：合肥工业大学，2014.

［5］ 张向冈，陈宗平，薛建阳，等. 钢管再生混凝土框架的恢复力模型研究［J］. 世界地震工程，2016，32（1）：277－283.

［6］ 张建伟，李晨，冯曹杰，等. HRB600级钢筋钢纤维高强混凝土柱抗震性能研究［J］. 建筑结构学报，2019（10）：113－121.

［7］ W. Q. Zhu，J. Q. Jia，J. C. Gao，et al. Experimental study on steel reinforced high strength concrete columns under cyclic lateral force and constant axial load［J］. Engineering Strcuctures，2016，125：191－204.

［8］ S. S. Zhen，Q. Qin，Y. X. Zhang. et al. Research on seismic behavior and shear strength of SRHC frame columns［J］. Earthquake Engineering and Engineering Vibration，2017，16（2）：349－369.

［9］ Mahin S A，Bertero V V. Problems in establishing and predicting ductility in aseismic design［C］// Proceedings of the International Symposium on Earthquake Structural Engineering，St. Louis，USA，1976：613－628.

［10］ 建筑抗震试验规程：JGJT 101—2015［S］. 北京：中国建筑工业出版社，2015.

［11］ 马辉. 型钢再生混凝土柱抗震性能及设计计算方法研究［D］. 西安：西安建筑科技大学，2013.

［12］ Y. H. Wang，Z. Y. Gao，Q. Han，L. Feng，et al. Experimental study on the seismic behavior of a shear wall with concrete－filled steel tubular frames and a corrugated steel plate［J］. Structural Desigin of Tall And Special Buildings，2018，27（15）：23－31.

第10章　圆截面风积沙混凝土柱地震损伤试验研究

10.1　试验用材及试验方法

10.1.1　试件设计

在国内外学者现有研究成果的基础上，本书为研究圆截面螺旋筋风积沙混凝土柱的地震损伤规律，设计、制作 5 个柱试件，并进行了低周反复加载试验。

本次试验共制作了 5 个缩尺比为 1∶2 的试件，包括 1 个圆截面螺旋筋普通混凝土柱试件和 4 个圆截面螺旋筋风积沙混凝土柱试件，试验编号及具体设计参数见表 10.1。试件底部与混凝土基座浇筑为一体，呈倒 T 型。基座采用木模板，柱身模板采用内径为 250mm 的 PVC 管材。钢筋笼和模板定位无误后，先对柱基座进行浇筑，待基座浇筑完成并进入初凝状态后继续浇筑柱身，并在柱根部模板四周打孔以便于伸入振捣棒进行振捣，这样可以确保柱根部不会因跑浆不均而造成蜂窝现象。加载梁保护层厚度为 20mm，箍筋的保护层厚度为 30mm，试件浇筑的同时，预留 3 个 150mm 立方体混凝土强度块，与圆柱试件同条件养护，待试件进行拟静力试验时按标准 GB/T 50081—2002 相关规定测定其实际抗压强度。试验构造尺寸及配筋详如图 10.1 所示。

表 10.1　　　　　　　　　　　试 件 基 本 设 计 参 数

试件编号	柱子直径/mm	风积沙取代率/%	剪跨比	轴压比	配筋率/%	配箍率/%
YC1	250	0	4	0.2	1.2	0.6
AYC1	250	10	4	0.2	1.2	0.6
AYC2	250	20	4	0.2	1.2	0.6
AYC3	250	30	4	0.2	1.2	0.6
AYC4	250	40	4	0.2	1.2	0.6

10.1.2　材料性能

试验所用水泥为冀东水泥厂生产的 P.O42.5 级水泥，粉煤灰为呼和浩特市金山电厂原料灰，减水剂为万山集团萘系减水剂，集料为细度模数为 2.7 的中砂和粒径为 5～25mm 的碎石，风积沙取自内蒙古库布齐沙漠周边，拌和及养护用水均为自来水。配合比及试块立方体抗压强度实测值参见表 10.2。按照《金属材料室温拉伸试验方法》对箍筋及纵筋进行拉伸试验，测得屈服强度、极限强度以及初始弹性模量，实测结果见表 10.3。

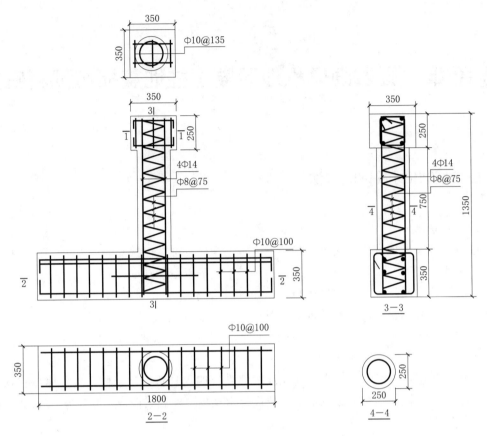

图 10.1　试件尺寸与配筋形式（单位：mm）

表 10.2　　　　　　　　　　　　　　　　　　　　　试件的配合比及抗压强度

风积沙取代率 /%	单位体积用量/(kg/m³)							立方体抗压 强度/MPa
	水泥	砂	风积沙	石子	粉煤灰	减水剂	水	
0	389.28	492.47	0	1266.36	43.62	3.27	205	35.73
10	389.28	443.23	49.24	1266.36	43.62	3.27	205	36.97
20	389.28	393.99	98.48	1266.36	43.62	3.27	205	37.89
30	389.28	344.75	147.72	1266.36	43.62	3.27	205	44.1
40	389.28	295.51	196.96	1266.36	43.62	3.27	205	40.68

表 10.3　　　　　　　　　　　　　　　　　　　　钢 筋 的 力 学 性 能

钢筋种类	钢筋牌号	直径/mm	屈服强度/MPa	极限强度/MPa	初始弹性模量/MPa
螺旋箍筋	HPB300	8	434.2	460.9	2.0×10^5
纵筋	HRB400	14	470.4	517.5	2.0×10^5

10.1.3　加载与测试

本次试验在内蒙古自治区土木工程结构与力学重点实验室（位于内蒙古工业大学）进

行。如图 10.2 所示，采用 5000kN 竖向加载
装置以及 600kN 液压伺服水平作动器，试件
吊装好并接地螺栓锚固，分别在加载梁、柱
身、柱根以及基础梁相应位置布置位移计。
轴向液压千斤顶连接在反力架承力钢横梁
上，两者间布置滚动圆轴以降低轴力系统在
水平加载过程中产生的摩擦力影响。试验过
程中，保持轴压比不变，并保持轴力始终沿
柱轴线加载。试件的水平荷载通过液压伺服
作动器施加，作动器锚固于反力墙上。随后
水平作动器在加载点处施加水平低周反复荷
载，以作动器推出的方向为荷载的正方向。

图 10.2　低周反复加载装置

　　采用荷载和位移混合控制的加载方案，试件屈服之前采用荷载控制，每级荷载增量约
10kN 并循环 2 次；当试件屈服后，按等幅位移增量控制，以屈服位移 Δ_y 的整数倍逐级
增加，每级控制位移均循环 3 次[1-3]。当试件水平承载力下降到极限荷载的 85% 左右时，
或者发生明显破坏时，加载结束。

10.2　试验结果及分析

10.2.1　试件的破坏过程

　　试验过程中，各试件的破坏过程相似。各试件的破坏特征如图 10.3 所示。本书以试
件 AYC1 为例，描述试件的破坏过程。

　　第一、二循环，荷载控制阶段，混凝土未产生开裂，试件处于弹性工作阶段，其加载
与卸载曲线基本重合且大致呈现为一条直线。

　　第三循环，当正向加载（即作动器向南推进）至 22.8kN 时，出现第一条裂缝，长度
为 68mm，最宽处 0.55mm，测得该裂缝距试件基础梁上表面约 85mm。当负向加载至
22.6kN 时，在柱子底端又出现一条水平裂缝，距离基础梁上表面约 52mm，长度为
45mm，最宽处为 0.35mm。与此同时，位于柱体东、西两侧（垂直于加载方向）以及南
北两侧（平行于加载方向）相应位置的受拉区表面都出现了许多细微的水平裂纹，但大多
数出现在柱体底部附近，距离基础梁上表面 30~150mm 范围内。

　　第四循环，当正向水平荷载达到 31.3kN，柱端北部受拉区出现水平裂缝，该裂缝距
试件基础梁上边缘 180mm，由水平斜向下延伸；该裂缝长度为 89mm，由裂缝测宽仪得
到其宽度为 0.54mm。当负向水平荷载达到 35.6kN 时，有两条裂缝在南侧受拉区几乎同
时出现，并有向东西两侧延伸的趋势，长度分别为 43mm 和 65mm，宽度分别为 0.47mm
和 0.53mm，距离基础梁上表面分别为 170mm 和 245mm。

　　第五循环，即正向荷载达到 41kN 时，试件基础梁与柱体交界处出现新裂缝，该裂缝
大致朝水平方向延伸，裂缝宽度为 1~2mm，长度为 28mm。整个正向水平加载过程中，
正向加载受拉一侧出现的裂缝进一步延长和扩展，部分水平向的裂缝出现斜向下发展的趋

(a) YC1

(b) AYC1

(c) AYC2

(d) AYC3

(e) AYC4

图 10.3　各试件的破坏特征

势。柱子受压侧裂缝闭合时，有细微的混凝土开裂时发出的破碎声，少许细微裂缝出现，这些裂缝并未发源于柱子外侧，多为之前裂缝的延伸和分支。在负向加载过程结束，即荷载达到 −50kN 时，试验现象与正向水平加载时相似，裂缝有了较大的扩展，此时柱顶位移计实测位移已接近 7mm。

　　第六循环，之前出现的裂缝在此循环加载过程中有了新的扩展与加深，逐渐环绕柱体形成一条条水平通缝。试件逐渐进入屈服状态，柱子边缘新的裂缝增加不多，而原有的裂缝扩展明显，其末端产生了许多斜向下的延伸。裂缝发展较为充分的区域有混凝土碎屑掉落，柱身两侧裂缝相交。此时位于柱身边缘位置的裂缝最宽处已达到 4.7mm，受压侧混凝土的不规则裂缝也有了一定的发展。当正向位移约为 10mm 时，记录此时的水平荷载为 58kN。当负向水平荷载加载至 58kN 时，负向位移约为 10mm，此时柱中纵筋已屈服，结束荷载控制模式。

　　第七循环，变力控制加载方式为位移控制加载方式，当位移控制接近 2Δ 时，试件受拉测水平裂缝向正观测面发展，部分裂缝与原有裂缝连通形成贯穿裂缝。在试件距底部高度 100~300mm 区域内出现多条水平贯穿裂缝，部分贯穿裂缝延伸至侧面 500mm 处。柱体西北侧裂缝发展明显，最宽处达到 5.7mm，长度为 120mm，且由水平斜向下一直延伸到基础梁与柱体交界处。同时，试件基础梁与柱体交界处以及塑性铰裂缝继续扩展，受压区混凝土裂缝在本次加载末尾有了新的发展，些许混凝土碎屑掉落并伴有"咔咔"声。当位移反向控制至-2Δ时，其破坏特征与正向基本趋同，柱端两侧压碎区高度为58mm。

第八循环，在正向和负向水平力加载的过程中，达到3Δ位移时的承载力略低于上一循环峰值，受拉区裂缝有了更大的扩展，其在柱子中心的分支也延伸得更长。柱底南北两侧混凝土被压碎，成锥状片片剥落，底部部分纵筋与螺旋筋外露并明显观察到钢筋的屈曲。循环结束时测得两侧混凝土压碎区高度分别为135mm和143mm。

第九循环，正负向加载完成后，试件底部两侧混凝土已经发生了严重剥落，暴露出了纵向钢筋和螺旋箍筋。经测量两侧混凝土压碎区高度已接近200mm，当正负两个方向的水平极限荷载均低于极限荷载的85%，认为此试件破坏，试验结束。此时柱顶位移计实测位移已达到45mm。

10.2.2　滞回曲线

本试验4根圆截面螺旋筋风积沙混凝土柱试件和1根圆截面螺旋筋普通混凝土柱试件的实测滞回曲线如图10.4所示。由图可知，各试件的滞回曲线形状相似且正反方向大致对称。试件开裂之前，试件基本上处于弹性工作状态，卸载时残余变形很小，荷载和位移基本成比例增加，多次循环曲线基本重合，同时加载循环引起的强度衰减很小，滞回环面积也比较小。随着循环次数的增加，荷载逐渐增大，试件变形加快，卸载时出现一定的残余变形。水平荷载继续增加，加载和卸载的刚度下降，并随着循环次数的增加刚度退化加快。试件屈服进入位移控制加载后，加载和卸载的刚度发生突变，并且随着荷载循环次数的增加，这种刚度退化现象越来越明显。达到峰值荷载以后，尽管箍筋外围保护层混凝土逐渐剥落，但由于螺旋箍筋的约束作用，构件承载力降低并不十分明显。在加载后期，滞回环面积明显增加，呈现出饱满的弓形，并出现了"捏缩"效应，表明滞回曲线受到了一定的滑移影响。

在不同风积沙取代率下，各试件的滞回曲线存在一定差异。当取代率处于10%~30%范围内时，随着风积沙取代率的提高，试件的变形能力增强，延性有所改善，滞回曲线更加饱满，下降段也较为平缓；当风积沙取代率继续提高至40%，试件的延性性能和极限承载力均未得到提升反而稍有下降，在加载后期滞回环有愈发收缩的趋势。总体上看，试件AYC3的滞回曲线最为饱满，峰值荷载和极限位移最大。

10.2.3　骨架曲线

如图10.5所示为各试件的骨架曲线。骨架曲线是滞回曲线的外包络线，与滞回曲线相比更能清晰地表现出各循环的峰值点。由图10.5可知，各试件的受力过程大致分为4个阶段，分别是弹性阶段、弹塑性阶段、屈服阶段和破坏阶段。各试件的骨架曲线在弹性阶段无明显区别，曲线基本重合，说明在加载初始阶段试件的位移和承载力受风积沙取代率的影响不大。随着加载循环的增加，骨架曲线斜率减小，试件越来越明显地表现出弹塑性变形特征。试件屈服后各曲线承载力的增长速率随着试件风积沙取代率的不同出现明显差异，达到峰值荷载后，承载力逐步下降。其中试件AYC3的峰值最大，试件AYC4屈服后的峰值荷载和位移较前者略有减小。总体上看，随着风积沙取代率的增加，试件的峰

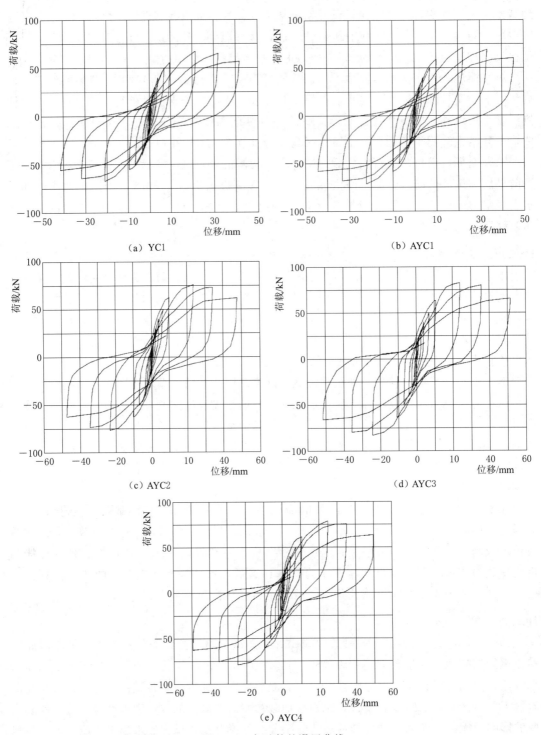

（a）YC1　　　　　　　　　　（b）AYC1

（c）AYC2　　　　　　　　　　（d）AYC3

（e）AYC4

图 10.4　各试件的滞回曲线

值荷载和位移也在逐步提高，当取代率为 30% 时，提升效果最为明显；取代率为 40% 的试件较 30% 的试件反而略有下降。

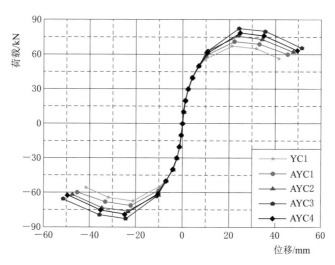

图 10.5　各试件的骨架曲线

10.2.4　特征值

各试件屈服状态、峰值状态、破坏状态的荷载、位移以及延性系数见表 10.4。表中，F_{cr} 和 Δ_{cr} 分别为试件首次出现裂缝时对应的荷载和位移；F_y 和 Δ_y 分别为试件屈服时对应的荷载和位移；F_{max} 为试件的极限荷载，相对应的极限位移为 Δ_{max}；F_u 为试件的破坏荷载，相对应的破坏位移是 Δ_u。取极限荷载 F_{max} 的 85% 对应的位移为破坏位移 Δ_u，位移延性系数取破坏位移 Δ_u 与屈服位移[4] Δ_y 的比值。

表 10.4　　　　　　　　　　　　　各试件的特征值

试件编号	开裂点		屈服点		极限点		破坏点		延性系数
	F_{cr}/kN	Δ_{cr}/mm	F_y/kN	Δ_y/mm	F_{max}/kN	Δ_{max}/mm	F_u/kN	Δ_u/mm	
YC1	21.6	1.69	55.65	9.56	67.41	21.27	56.72	41.49	4.38
AYC1	22.3	1.61	58.59	10.08	71.31	22.16	59.32	45.31	4.49
AYC2	23.4	1.67	62.37	10.33	76.12	23.61	62.07	47.65	4.61
AYC3	24.7	1.56	63.27	10.58	82.64	24.12	65.68	51.42	4.86
AYC4	24.1	1.62	61.19	10.45	77.29	24.77	63.12	49.31	4.72

通过分析各个试件的特征值参数可以得出以下结论：

各试件出现首条裂缝的点在 $(0.31\sim0.37)F_{max}$ 之间，位移幅值均在 2mm 以下。大部分试件都是在受到正向加载力时首先出现裂缝，随着在一定范围内风积沙取代率的增加 $10\%\sim30\%$，首条裂缝的时间延后。各试件屈服点在 $(0.76\sim0.82)F_{max}$ 之间，位移幅值在 10mm 左右，试件屈服点出现的规律与开裂点一致。取试件下降至峰值荷载的 85% 为破坏点，可知试件破坏点位移是峰值点位移的 2 倍左右，且延性系数均大于 4，表明试件下降段较为缓慢，延性性能良好。总体上看，风积沙取代率在 30% 以内时，试件的承载力和位移延性系数随着取代率的提高而提高，当风积沙掺率大于 30%，试件的承载力和延性系数反而呈现出略微下降的趋势。这是因为随着风积沙取代率的提高，风积沙作为超细砂使混凝土内部填充更为均匀，可以适当提高混凝土的强度。当风积沙取代率更高时，由于风积沙本身由松散母岩风化而成，自身的强度比河砂略小；此外风积沙虽然可以更好地填充混凝土内部的空隙，但是其比表面积较大，需要的水泥浆量也会大幅度增加，导致混凝土的水泥量相对不足，从而引起混凝土强度的下降[5-6]。

10.2.5　耗能能力

耗能性能体现了地震过程中结构或构件在经历弹塑性变形时消耗能量多少的能力。耗能性能越强，结构或构件抵抗地震作用的能力就越强。柱试件的耗能主要以塑性吸能和阻尼耗能为主，以累积损伤的方式耗散地震能量。试件的耗能能力一般通过荷载变形滞回曲线所包围的面积来衡量，滞回曲线越饱满，耗能能力越强，其抗震性能越好[7-8]。如图10.6所示为各试件的累积耗能[9]曲线。

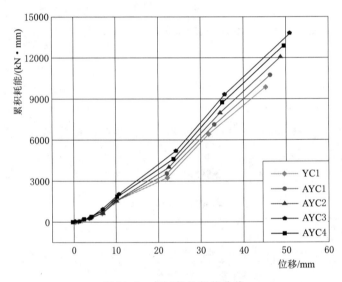

图 10.6　各试件的耗能曲线

由图 10.6 可知，对于这组纵向配筋、箍筋间距和轴压比均相同的试件，其耗能能力必然受到风积沙取代率的影响。当位移小于 10mm 时，5 个试件的能量耗散值相差不大；随着位移的不断增大，柱子的能量耗散开始出现差异，试件 AYC3（风积取代率为 30%）的耗能曲线始终在其他试件之上。总体上看，当风积沙取代率为 30% 以下时，试件的耗能能力随着取代率的提高而增强；当风积沙取代率提高到 40% 后，试件的耗能能力反而有所降低。

10.2.6　刚度退化曲线

刚度退化也是评价试件抗震性能是否良好的一个重要指标。以每级循环荷载下试件刚度与初始刚度之比为纵坐标，以位移角为横坐标，得到各试件在不同位移角下的刚度退化曲线[10-11]如图 10.7 所示。由图 10.7 可以看出，由于正向加载时对试件已有一定程度的损伤，造成反向加载时的刚度比正向加载时的刚度偏低。各试件在位移较小时，刚度退化明显，曲线较陡，说明试件在加载前期刚度退化的速率较快，荷载和变形近似呈比例增长。试件在位移较大时，刚度退化曲线变得平缓，说明试件在加载后期刚度退化的速率变慢，试件非线性变形的增长速度大于荷载的增长速度。

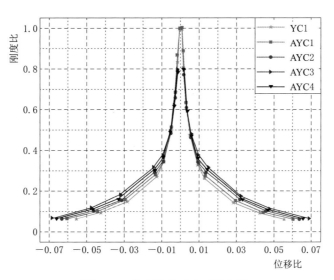

图 10.7 各试件的刚度退化曲线

各试件的刚度退化曲线总体上呈现出相似的退化形态。在位移角约为 0.01 之前，难以区分试件间的差异。位移角达到 0.01 后，刚度下降速率开始出现差异。通过比较可知，试样 AYC3 的刚度退化速率最慢。总体上看，在 10%～30% 范围内适当提高风积沙取代率可以延缓试件刚度的退化速率；当风积沙取代率提高到 40% 后，试件的刚度退化速率反而略有增加。这说明过高的风积沙取代率可以加速混凝土裂缝的出现及开展，在一定程度上归因于风积沙在细集料中的填充效应早已达到饱和，混凝土的强度随之降低，进而影响试件的后期刚度。

10.3 本章小结

基于对 5 根不同风积沙取代率下的圆截面螺旋筋混凝土柱进行的低周反复荷载试验，本书探讨了试件的各项抗震性能评估指标，主要结论如下：

（1）对风积沙混凝土柱来说，内置的圆形螺旋箍筋与圆形截面兼容性较好，滞回曲线的形状呈现出比较饱满的弓形，纵筋屈服后刚度退化速率较为缓慢，延性系数均大于 4，表现出良好的变形和耗能能力。

（2）风积沙取代率在 0～30% 范围内，使用风积沙作为部分细集料可以适当降低圆截面风积沙混凝土柱试件在同等荷载和位移条件下的损伤程度。

（3）风积沙取代率在 0～30% 范围内，随着取代率的增加，圆截面风积沙混凝土柱试件的承载力、延性、刚度退化、耗能能力等抗震指标均趋于改善；但当风积沙取代率由 30% 增加到 40% 时，试件的以上抗震性能指标趋于下降。

参 考 文 献

［1］ W. Q. Zhu, J. Q. Jia, J. C. Gao, et al. Experimental study on steel reinforced high strength concrete columns under cyclic lateral force and constant axial load ［J］. Engineering Strcuctures，2016，125：191－204.

［2］ S. S. Zhen, Q. Qin, Y. X. Zhang. et al. Research on seismic behavior and shear strength of SRHC frame columns ［J］. Earthquake Engineering and Engineering Vibration，2017，16（2）：349－369.

［3］ 张建伟，李晨，冯曹杰，等. HRB600 级钢筋钢纤维高强混凝土柱抗震性能研究 ［J］. 建筑结构学报，2019（10）：113－121.

［4］ Mahin S A，Bertero V V. Problems in establishing and predicting ductility in aseismic design［C］// Proceedings of the International Symposium on Earthquake Structural Engineering，St. Louis，USA，1976：613－628.

［5］ 付杰，马菊荣，刘海峰. 粉煤灰掺量和沙漠砂取代率对沙漠砂混凝土力学性能影响 ［J］. 广西大学学报（自然科学版），2015，40（1）：93－98.

［6］ 包建强，邢永明，刘霖. 风积沙混凝土的基本力学性能试验研究 ［J］. 混凝土与水泥制品，2015（11）：8－11.

［7］ 薛建阳，林建鹏，马辉. 型钢再生混凝土柱抗震性能试验研究 ［J］. 西安建筑科技大学学报（自然科学版），2013，45（5）：615－621.

［8］ 李俊华，王新堂，薛建阳，等. 低周反复荷载下型钢高强混凝土柱受力性能试验研究 ［J］. 土木工程学报，2007（7）：11－18.

［9］ 建筑抗震试验规程：JGJT 101—2015 ［S］. 北京：中国建筑工业出版社，2015.

［10］ Y. H. Wang, Z. Y. Gao, Q. Han, L. Feng, et al. Experimental study on the seismic behavior of a shear wall with concrete－filled steel tubular frames and a corrugated steel plate ［J］. Structural Design of Tall And Special Buildings，2018，27（15）：23－31.

［11］ Yaohong Wang，Qi Chu，Qing Han，Zeping Zhang & Xiaoyan Ma. Experimental study on the seismic damage behavior of aeolian sand concrete columns ［J］. Journal of Asian Architecture and Building Engineering，2020，7（4）：1－13.

第11章　圆钢管风积沙混凝土柱地震损伤试验研究

外包圆钢管混凝土组合柱具有承载力高、刚度大、延性以及耗能能力良好等优点，可以作为高层框架建筑中关键的抗侧力构件。

刘鸿伟等进行了圆钢管全再生粗集料混凝土柱在竖向荷载和水平反复荷载下的拟静力试验，研究结果表明：该类型柱具有良好的抗震性能；含钢率越大，试件的水平承载力、延性越好；随着轴压比的增大，试件的水平承载力、耗能性能有增大的趋势，但试件的延性逐渐降低[1]。陈鹏等通过圆钢管混凝土短柱的轴压试验，研究了钢管混凝土的尺寸效应问题，结果表明：圆钢管混凝土弹性模量受试件直径影响较小，几乎不存在尺寸效应，而峰值应力则存在一定的尺寸效应，并且受截面含钢率的影响[2]。李娜等通过对18根圆钢管混凝土短柱进行轴心受压试验，研究结果表明：初始自应力可显著提高圆钢管自应力自密实混凝土短柱的轴压刚度和承载力，但会导致其变形能力明显降低，极限位移和破坏位移大幅减小；此外，初始自应力对试件的破坏形态影响并不明显[3]。武立伟等通过静力加载试验研究了装配式圆钢管混凝土柱的连接性能，结果表明：各试件破坏形态均为钢管混凝土柱的局部屈曲破坏，套筒灌浆连接试件中钢管混凝土柱和套筒构成一个整体共同工作，初始刚度与整体钢管混凝土试件相当；在一定范围内，随着偏心率的增大，钢管混凝土柱延性性能显著降低[4]。姜宝龙等研究了某超高层建筑结构中采用的钢管混凝土柱与型钢混凝土梁组成的复杂空间相贯节点，结果表明：梁截面更大的试件JD1的承载能力和延性更好，斜柱角度最小、相贯长度最大的试件JD3的耗能能力最佳；塑性铰区框架梁和环梁型钢腹板宜增设加劲肋或者加厚；复杂节点的低周反复荷载试验方案可行[5]。

在以上国内外学者研究的基础上，为推广风积沙资源在钢-混凝土组合框架结构中的应用，本书提出圆钢管风积沙混凝土柱，设计、制作了4个不同构造形式的柱试件，通过低周反复加载试验，研究其地震损伤规律。

11.1　试验用材及试验方法

11.1.1　试件设计及材料力学性能

设计制作了4个外包圆钢管风积沙混凝土柱试件，编号为YARC1、YARC2、YARC3、YARC4，各试件的几何尺寸、剪跨比、轴压比均相同，以风积沙取代率为主要变化参数。各试件的配钢（筋）图如图11.1所示，各试件的基本设计参数见表11.1，为方便比较，第10章普通风积沙混凝土试件AYC1、AYC2、AYC3、AYC4的相关数据一并给出。

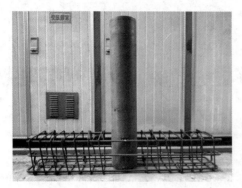

图 11.1　试件的配钢（筋）图（不含加载梁）

外包管钢管采用无缝钢管，壁厚 6mm，属于 Q235 钢材，弹性模量为 205GPa。钢筋为 HRB400 钢筋，直径为 8mm，实测钢筋屈服强度和极限强度为 411MPa 和 504MPa，弹性模量为 207GPa。采用 42.5R 普通硅酸盐水泥、山碎石、普通河砂、风积沙（取自于内蒙古库布齐沙漠周边）、水、粉煤灰等配制试件所需混凝土，风积沙混凝土的配合比见表 11.2。

11.1.2　加载方式

试验在内蒙古自治区土木工程结构与力学重点实验室进行，加载装置如图 11.2 所示。试

表 11.1　　　　　　　　　　　　　　　　　　试 件 基 本 设 计 参 数

试件编号	风积沙取代率 /%	剪跨比	混凝土抗压强度 /MPa	混凝土弹性模量 /GPa	轴压比
YARC1	10	4	35.4	16.7	0.2
YARC2	20	4	36.3	17.4	0.2
YARC3	30	4	38.6	19.6	0.2
YARC4	40	4	37.7	18.1	0.2
AYC1	10	4	35.4	16.7	0.2
AYC2	20	4	36.3	17.4	0.2
AYC3	30	4	38.6	19.6	0.2
AYC4	40	4	37.7	18.1	0.2

表 11.2　　　　　　　　　　　　　　风积沙混凝土的配合比　　　　　　　　　　　　单位：kg/m³

混凝土等级	组 分 及 用 量					
	水泥	粉煤灰	水	石子	砂	减水剂
C40	333	129.5	185	924	815.4	4.625

验时首先利用液压千斤顶在柱顶端依据轴压比施加竖向轴力，并在整个试验过程中保持恒定，水平荷载由固定在反力墙的拉压千斤顶施加。试验采用荷载-位移混合控制方法。屈服前采用荷载控制加载，每级为破坏荷载的 1/10，持荷 2~3min 循环 1 次。试件屈服后采用位移控制加载，以试件屈服位移为级差进行控制加载，每级循环 3 次，直到水平荷载下降为峰值荷载的 85％时认为试件破坏，停止加载[6-8]。在柱试件的顶部（加载梁中心处）、中部和底部分别布置 3 个位移传感器，以测量试件的位移；在基础梁侧面中心处布置 1 个位移传感器，以测量试件的相对滑移，减小误差。为方便记录试验数据，规定水平作动器伸出时荷载与位移为正向，回缩时荷载与位移为负向。在柱底部的纵筋和箍筋上粘贴电阻应变片，以测量试验过程中各阶段的钢筋应变。

图 11.2　试验加载装置图

11.2　试验结果及分析

11.2.1　试件破坏过程

　　为方便观察和记录试件的破坏情况，在各试件上绘制 50mm×50mm 的方格。各试件的破坏特征如图 11.3 所示。试验过程中，各试件的破坏过程相似。本书以试件 YARC3 为例，描述试件的破坏过程。

(a) YARC1　　　　　(b) YARC2　　　　　(c) YARC3　　　　　(d) YARC4

图 11.3　各试件的破坏特征

　　试验开始后，首先是荷载控制阶段，试件处于弹性工作阶段，混凝土、钢管的应变均较小，卸载后变形可以基本恢复，其加载与卸载曲线基本重合且大致呈现为一条直线。随着加载循环的增加，钢管底部油漆开始有脱落迹象。在试件屈服后，钢管底部受压侧发生局部鼓曲，在反向加载时又基本恢复而另一侧出现鼓曲。当正向加载使试件位移达到

37mm 时，水平荷载开始下降。当荷载下降到峰值荷载的 85% 时，柱端位移为 85mm，约为试件 AYC3 的 1.65 倍。破坏时，在距离钢管底部约 50mm 处钢管鼓曲发展加剧，最后形成一圈环装鼓曲波。峰值荷载后，荷载下降较为缓慢，试件表现出良好的后期变形能力。

11.2.2　滞回曲线及骨架曲线

　　各试件的滞回曲线如图 11.4 所示，骨架曲线如图 11.5 所示。为方便比较，第 10 章普通风积沙混凝土试件 AYC1、AYC2、AYC3、AYC4 的相关数据一并给出。由图 11.4 和图 11.5 可知，各试件在循环加载过程中，正向和反向加载的滞回曲线近似呈对称发展。加载初期，试件处于弹性工作状态，水平荷载-位移曲线基本呈线性发展，加卸载曲线斜率的变化很小，卸载时刚度基本不退化，残余变形很小，滞回环面积也很小，基本闭合为一条直线。随着位移的增大，试件进入弹塑性工作状态，滞回曲线开始由直线扩张为椭圆环状，且滞回环面积也逐步增大，加载曲线斜率随着位移的增大而减小，卸载时曲线斜率更为陡峭，卸载时到 0 时有残余位移。随着位移角继续增大，滞回曲线出现拐点，水平荷载下降，曲线越来越向横轴倾斜，试件塑性变形明显，承载力和刚度逐级退化，残余变形继续增大。在风积沙取代率相同的情况下，外包圆钢管风积沙混凝土柱试件的滞回曲线比

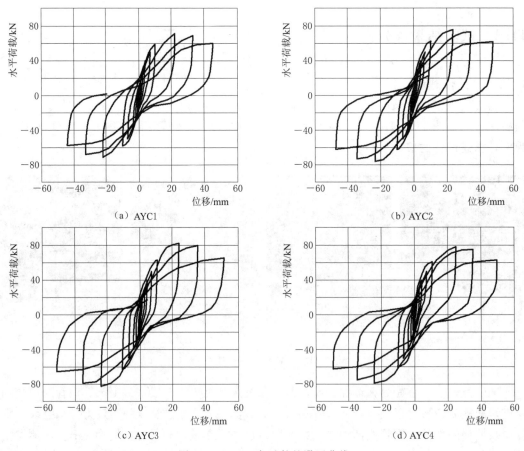

（a）AYC1　　　　（b）AYC2　　　　（c）AYC3　　　　（d）AYC4

图 11.4（一）　各试件的滞回曲线

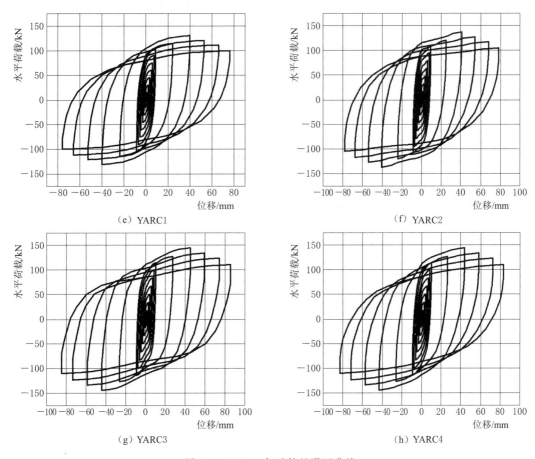

（e）YARC1 　　　　　　　（f）YARC2

（g）YARC3 　　　　　　　（h）YARC4

图 11.4（二）　各试件的滞回曲线

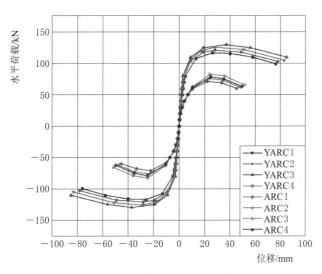

图 11.5　各试件的骨架曲线

对应的圆截面螺旋筋普通风积沙混凝土柱试件的滞回曲线明显更加饱满，而且前者的骨架曲线在弹性阶段斜率稍大、弹性段更长，承载力和极限位移明显增大。这表明外包圆钢管的约束作用可以显著提高风积沙混凝土柱的承载力和变形能力。对于外包圆钢管风积沙混凝土柱试件来说，随着风积沙取代率由 0 增加至 30％，滞回曲线趋于更加饱满；但随着风积沙取代率由 30％增加至 40％，滞回曲线的饱满程度反而有所减小。

11.2.3　特征值

各试件的特征值见表 11.3，为方便比较，第 10 章普通风积沙混凝土试件 AYC1、AYC2、AYC3、AYC4 的相关数据一并给出。表中，F_{cr} 和 Δ_{cr} 分别为试件首次出现裂缝时对应的荷载和位移；F_y 和 Δ_y 分别为试件屈服时对应的荷载和位移；F_{max} 为试件的极限荷载，相对应的极限位移为 Δ_{max}；F_u 为试件的破坏荷载，相对应的破坏位移是 Δ_u。取极限荷载 F_{max} 的 85％对应的位移为破坏位移 Δ_u，位移延性系数取破坏位移 Δ_u 与屈服位移[9] Δ_y 的比值。

表 11.3　　　　　　　　　　　　各 试 件 的 特 征 值

试件编号	开裂点		屈服点		极限点		破坏点		延性系数
	F_{cr}/kN	Δ_{cr}/mm	F_y/kN	Δ_y/mm	F_{max}/kN	Δ_{max}/mm	F_u/kN	Δ_u/mm	
AYC1	22.3	1.61	58.59	10.08	71.31	22.16	59.32	45.31	4.49
AYC2	23.4	1.67	62.37	10.33	76.12	23.61	62.07	47.65	4.61
AYC3	24.7	1.56	63.27	10.58	82.64	24.12	65.68	51.42	4.86
AYC4	24.1	1.62	61.19	10.45	77.29	24.77	63.12	49.31	4.72
YARC1	—	—	90.41	14.91	117.34	34.55	99.45	76.32	5.12
YARC2	—	—	101.87	15.22	123.55	36.98	104.52	78.12	5.13
YARC3	—	—	110.19	15.54	130.93	37.34	110.22	85.76	5.41
YARC4	—	—	110.14	15.41	126.43	36.59	107.12	83.93	5.38

由表 11.3 可知，当风积沙取代率不变时，由于外包圆钢管对核心混凝土具有良好的约束能力，试件在受力过程中，核心混凝土由于受到外围钢管的约束作用而处于三向受压状态，提高了试件强度的同时更有效地阻止了混凝土裂缝和变形的发展，这使外包圆钢管风积沙混凝土柱试件的承载力和延性系数比对应的圆截面螺旋筋普通风积沙混凝土柱试件有了显著提高[10-14]。各试件中，试件 YARC4 的承载力、延性系数最优。总体上看，对于外包圆钢管风积沙混凝土柱试件来说，随着风积沙取代率由 0 增加至 30％，试件的承载力、延性系数均逐渐增大；但随着风积沙取代率由 30％增加至 40％，试件的承载力、延性系数反而有所减小。

11.2.4　耗能能力

各试件的累积耗能曲线[15]如图 11.6 所示，为方便比较，第 10 章普通风积沙混凝土试件 AYC1、AYC2、AYC3、AYC4 的相关数据一并给出。由图 11.6 可知，风积沙取代率相同时，外包圆钢管风积沙混凝土柱试件的耗能能力明显高于内置螺旋钢筋圆截面风积沙混凝土柱试件，这也是由于外包圆钢管的约束作用使前者的承载力和变形能力显著提高，位移加载循环次数比后者明显增多，各类材料的耗能作用得以充分发挥。对于外包圆钢管风积沙混凝土柱试件来说，随着风积沙取代率由 0 增加至 30%，试件的抗震耗能能力逐渐增加；但随着风积沙取代率由 30% 增加至 40%，试件的抗震耗能能力反而有所减小。

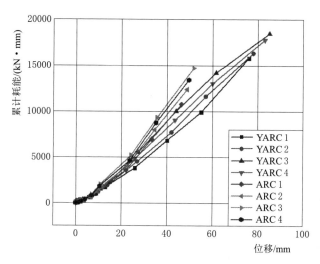

图 11.6　各试件的耗能曲线

11.2.5　刚度退化曲线

各试件的刚度退化曲线[16-17]如图 11.7 所示，为方便比较，第 10 章普通风积沙混凝土试件 AYC1、AYC2、AYC3、AYC4 的相关数据一并给出。由图 11.7 可知，风积沙取代率相同时，外包圆钢管风积沙混凝土柱试件和圆截面螺旋筋普通风积沙混凝土柱试件相比，初始刚度明显更大，刚度退化速度明显减缓，具备了更大的后期刚度储备以抵抗横向荷载。由此可知外包圆钢管可显著改善风积沙混凝土柱的刚度退化性能。这是由于一方面试件在受力过程中，外围钢管的约束作用使核心混凝土处于三向受压状态，有效地阻止了

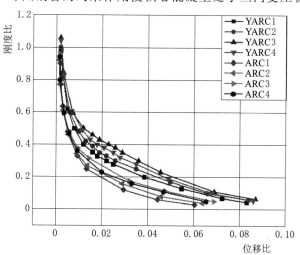

图 11.7　各试件的刚度退化曲线

混凝土裂缝和变形的发展；另一方面在空圆钢管中注入混凝土后，有效防止或延缓了外部圆钢管过早发生屈曲，可以充分发挥钢材的作用。对于外包圆钢管风积沙混凝土柱试件来说，随着风积沙取代率由 0 增加至 30%，刚度退化曲线趋于缓和；但随着风积沙取代率由 30% 增加至 40%，刚度退化曲线的缓和程度反而有所减小。

11.3　本章小结

本章通过低周反复加载试验，研究圆钢管风积沙混凝土柱的地震损伤规律。主要结论如下：

（1）试验结果表明，相同荷载和位移条件下，外包圆钢管风积沙混凝土试件比风积沙取代率相同的普通风积沙混凝土试件的损伤程度明显更小。

（2）外包圆钢管的构造方式可以显著提高风积沙混凝土柱的承载力、变形能力、滞回性能和抗震耗能能力，减缓试件的刚度退化速度，增加试件在地震作用下的安全储备，有利于实现大震不倒的抗震设防目标。

（3）对于外包圆钢管风积沙混凝土柱试件来说，随着风积沙取代率由 0 增加至 30%，试件承载力、变形能力、滞回性能、抗震耗能能力和刚度退化性能趋于提高或改善，但随着风积沙取代率由 30% 增加至 40%，以上各指标有反向趋势。

参 考 文 献

［1］ 刘鸿伟，陈娟，李昊洋. 圆钢管全再生粗集料混凝土柱抗震性能试验研究 ［J］. 长江大学学报（自科版），2018，15（21）：1 - 7.

［2］ 陈鹏，王玉银，刘昌永，等. 圆钢管混凝土轴压性能尺寸效应试验研究 ［J］. 建筑结构学报，2017，38（S1）：249 - 257.

［3］ 李娜，卢亦焱，李杉，等. 圆钢管自应力自密实混凝土短柱轴心受压性能研究 ［J］. 建筑结构学报，2019，40（11）：162 - 171.

［4］ 武立伟，李欣洪，苏幼坡，等. 装配式圆钢管混凝土柱受压性能试验研究 ［J］. 建筑结构学报，2019，40（S1）：207 - 213.

［5］ 姜宝龙，李英民，喻雪纯，等. 圆钢管混凝土相贯斜柱-型钢混凝土梁空间节点抗震性能试验研究 ［J］. 建筑结构学报，2019，40（S1）：99 - 108.

［6］ W. Q. Zhu，J. Q. Jia，J. C. Gao，et al. Experimental study on steel reinforced high strength concrete columns under cyclic lateral force and constant axial load ［J］. Engineering Strcuctures，2016，125：191 - 204.

［7］ 张建伟，李晨，冯曹杰，等. HRB600 级钢筋钢纤维高强混凝土柱抗震性能研究 ［J］. 建筑结构学报，2019（10）：113 - 121.

［8］ S. S. Zhen，Q. Qin，Y. X. Zhang. et al. Research on seismic behavior and shear strength of SRHC frame columns ［J］. Earthquake Engineering and Engineering Vibration，2017，16（2）：349 - 369.

［9］ Mahin S A，Bertero V V. Problems in establishing and predicting ductility in aseismic design ［C］. Proceedings of the International Symposium on Earthquake Structural Engineering，St. Louis，USA，1976：613 - 628.

［10］ 鲜威，史艳莉，王文达. 圆钢管混凝土压弯剪构件受力性能分析 ［J］. 建筑科学，2017，33（9）：

13 – 20.

[11]　曹兵，陈俊达，杜怡韩，等. 装配式圆钢管约束混凝土柱的轴压性能 [J/OL]. 西南交通大学学报，2020 (3)：25 – 31.

[12]　李惠，吴波，林立岩. 钢管高强混凝土叠合柱的抗震性能研究 [J]. 地震工程与工程振动，1998，18 (1)：45 – 53.

[13]　金浏，樊玲玲，杜修力，等. 圆钢管混凝土柱轴压破坏行为与尺寸效应理论研究 [J]. 中国科学：技术科学，2020，50 (02)：209 – 220.

[14]　黄登，黄远，陈桂榕，等. 钢管混凝土叠合柱的抗震延性研究 [J]. 地震工程与工程振动，2016，36 (6)：207 – 214.

[15]　建筑抗震试验规程：JGJT 101—2015 [S]. 北京：中国建筑工业出版社，2015.

[16]　Y. H. Wang，Z. Y. Gao，Q. Han，L. Feng，et al. Experimental study on the seismic behavior of a shear wall with concrete – filled steel tubular frames and a corrugated steel plate [J]. Structural Design of Tall And Special Buildings，2018，27 (15)：23 – 31.

[17]　Yaohong Wang，Qi Chu，Qing Han，Zeping Zhang & Xiaoyan Ma. Experimental study on the seismic damage behavior of aeolian sand concrete columns [J]. Journal of Asian Architecture and Building Engineering，2020，7 (4)：1 – 13.

第12章 玄武岩纤维风积沙混凝土柱地震损伤试验研究

随着混凝土技术的改进，纤维混凝土正逐步应用于实际工程中，玄武岩纤维因其优异的性能和低廉的价格备受关注。潘慧敏通过玄武岩纤维混凝土的力学性能试验发现，当纤维掺量在 $2.5kg/m^3$ 以内时，试块抗压、抗折强度均有提高，并且混凝土的延性得到显著增强，使破坏形态由脆性破坏转为塑性破坏[1]。Borhan 等使用长 25.4mm，直径 $13\mu m$ 的短切玄武岩纤维制作了纤维混凝土试块。研究表明：当纤维掺量在 0.3％（体积分数）以内时，抗拉、抗压强度随着掺量的增加而提高，当纤维掺量增加至 0.5％时，强度开始下降[2]。Tehmina Ayub 等通过试验发现玄武岩纤维的掺入提高了混凝土应力-应变曲线下降段的斜率，下降趋势更为缓慢，并分析电镜扫描结果显示纤维的掺入增强了界面黏结强度[3]。

目前，许多学者对风积沙混凝土和纤维混凝土的力学性能都有了一定研究，但对玄武岩纤维风积沙混凝土柱抗震性能的研究尚少。随着土木工程技术的发展，建筑材料的复合化应用是新趋势，为了推动风积沙资源在混凝土框架结构中的广泛应用，本书提出玄武岩纤维风积沙混凝土柱，设计、制作了 4 个不同风积沙取代率的玄武岩纤维风积沙混凝土柱试件，通过低周反复荷载试验，研究其地震损伤性能。

12.1 试验用材及试验方法

12.1.1 试件设计

试验共设计、制作了 4 根相同配筋的玄武岩纤维风积沙混凝土柱试件，编号为 BARC1、BARC2、BARC3、BARC4，各试件截面尺寸均为 250mm×250mm，高为 1350mm，设计轴压比为 0.2，剪跨比为 4，玄武岩纤维掺量均为 0.15％，风积沙取代率分别为 10％、20％、30％和 40％。为方便本次试验的对比研究，引入本课题组前期已完成的 4 根普通风积沙混凝土柱试件（第 3、7 章所述的试件 ARC1、ARC2、ARC3、ARC4）的各项试验数据。试件尺寸和配筋如图 12.1 所示，配合比见表 12.1。

表 12.1		混 凝 土 配 合 比			单位：kg/m^3
水	石子	河砂＋风积沙	水泥	粉煤灰	减水剂
205	1266.36	492.47	389.28	43.62	3.27

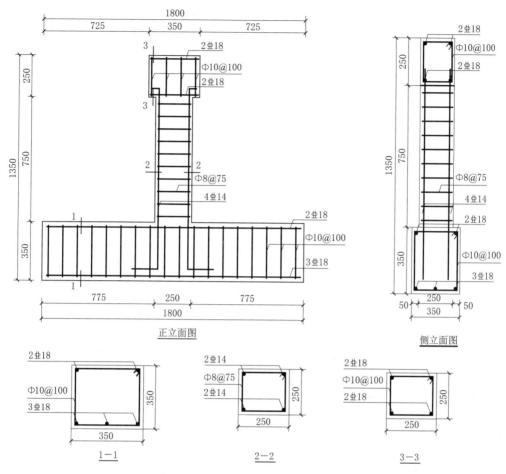

图 12.1 试件尺寸与配筋（单位：mm）

试件所用混凝土强度等级为 C40，在试件浇筑时，同时制作 3 个边长为 100mm 的立方体风积沙混凝土试块，将试块与试件同条件养护 28d，按照标准试验方法测试其抗压强度，其中轴心抗压强度根据相关规范计算所得，结果见表 12.2。试件所用的箍筋和纵筋为 HRB400 级，钢筋的实测力学性能见表 12.3，玄武岩纤维的物理性能见表 12.4。

表 12.2　　　　　　　　　　风积沙混凝土的力学性能　　　　　　　　　　单位：MPa

试件编号	ARC1	ARC2	ARC3	ARC4	BARC1	BARC2	BARC3	BARC4
立方体抗压强度	36.8	38.3	39.2	38.9	41.1	43.3	45.8	45.2
轴心抗压强度	24.6	25.6	26.2	26.0	27.5	28.9	30.6	30.2

表 12.3　　　　　　　　　　　钢材的力学性能实测值

钢筋种类	钢筋牌号	直径/mm	屈服强度/MPa	极限强度/MPa	弹性模量/MPa
箍筋	HRB400	8	411.1	504.3	2.07×10^5
纵筋	HRB400	14	467.8	577.2	2.07×10^5

表 12.4　　　　　　　　　　　　　玄武岩纤维的物理性能

使用温度/℃	单丝直径/μm	密度/(g/cm³)	弹性模量/GPa	拉伸强度/MPa
−269～650	11	2.63	105	3900

12.1.2　加载装置与加载制度

　　试验在内蒙古自治区土木工程结构与力学重点实验室（位于内蒙古工业大学）的多功能加载架下进行，试验装置如图 12.2 所示，为悬臂梁的加载方式。试件通过长螺栓与大地固定，保证试件整体在加载过程中不会滑移。水平作动器通过连接件与加载梁固定。竖向荷载由 500t 液压千斤顶施加，试验开始时先对试件施加轴向力，并在试验过程中保持轴压比恒定。水平荷载由固定在反力墙上的 60t 电液伺服器施加。在柱试件的顶部（加载梁中心处）、中部和底部分别布置 3 个位移传感器，以测量试件的位移；在基础梁侧面中心处布置 1 个位移传感器，以测量试件的相对滑移，减小误差。为方便记录试验数据，规定水平作动器伸出时荷载与位移为正向，回缩时荷载与位移为负向。在柱底部的纵筋和箍筋上粘贴电阻应变片，以测量试验过程中各阶段的钢筋应变，测点布置如图 12.3 所示。

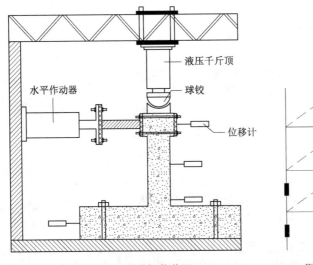

图 12.2　试验加载装置

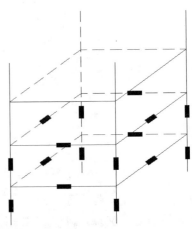

图 12.3　柱底部应变片布置

　　试验采用荷载-位移混合控制的加载方案，试件屈服之前采用荷载控制，每级荷载增量约 10kN 并循环 1 次；当试件屈服后，按等幅位移增量控制，以屈服位移 Δ_y 的整数倍逐级增加，每级位移下循环 3 次[4-6]。当水平荷载下降至峰值荷载的 85% 以下时认为试件破坏，试验结束。

12.2　试验结果及分析

12.2.1　试件的破坏过程
12.2.1.1　试件 BARC1

　　第一、二循环，试件处于弹性工作状态，双向加载均未观测到裂缝产生，几乎没有残余变形。

第三循环，当正向加载至 21.8kN 时，柱底部受拉区出现第一条水平裂缝，长度为29mm，裂缝最宽处宽度为 0.33mm，分布在距离基础梁上部约 40mm 的区域附近，开裂位移角为 1/497。当负向加载至 22.1kN 时，受拉区距基础梁上部 120mm 处出现一条水平裂缝，长度为 47mm，裂缝最宽处宽度为 0.27mm，受压侧裂缝基本闭合。

第四循环，当正向加载至 38kN 时，柱底部受拉区出现第二条水平裂缝，分布在距基础梁上部约 80mm 的区域内，裂缝长度为 76mm，斜向上延伸，裂缝最宽处宽度为0.49mm。当负向加载至 34.3kN 时，受拉区同时出现两条水平裂缝，分布在左右两侧，距基础梁约 130mm，裂缝长度分别为 81mm 和 79mm，裂缝宽度分别为 0.52mm 和0.48mm。在柱底部平行于加载方向的侧面出现斜向上的裂缝，距基础梁约 40mm，长度为 62mm，宽度为 0.31mm。

第五循环，当正向加载至 43.5kN 时，柱底部受拉区距基础梁 225mm 处形成一条水平裂缝，长度为 85mm，宽度为 0.84mm。之前形成的第一、二条水平裂缝加宽并延伸，随着荷载的增加，在第一条水平裂缝周围形成许多细小的裂缝，宽度为 0.1~0.2mm。同时受压区混凝土出现竖向裂缝，分布在距底梁 0~100mm 的区域内。当负向加载至 40kN时，先前同时形成的两条水平裂缝延伸连通成一条裂缝，宽度明显增加。在平行于加载方向的侧面，斜裂缝增多，并大致呈 45°斜向上分布，第一条斜裂缝开始向柱体中部延伸。

第六循环，进入位移控制加载，正向加载过程至 67.4kN，纵筋屈服，柱底部受拉区原有的水平裂缝继续拓展、延伸，在 50~100mm 的区域内形成一条贯穿的水平主裂缝。柱底部因受压形成的部分竖向裂缝与水平裂缝相交，柱体与基础梁节点处微微开裂。在受压区因水平裂缝闭合，保护层混凝土受挤压发出摩擦声。在平行于加载方向的侧面，斜裂缝继续向柱体中部延伸。负向加载过程与正向加载过程基本相似。

第七循环，新裂缝未大量出现，原有的第二条水平裂缝长度不断增加直至贯通，裂缝宽度为 1.5mm，在水平主裂缝周围，因玄武岩纤维的拉结作用形成许多与之相交的树杈状的裂缝，受拉区少部分混凝土呈片状剥落，裂缝发展较充分。受压区混凝土此时因受压形成的竖向裂缝开始横向拓展，呈枣核状分布，在竖向裂缝的周围出现许多不规则裂缝。在平行于加载方向的侧面，斜裂缝下方混凝土呈短柱状分布，向柱身中部延伸的斜裂缝开始向水平方向拓展。

第八循环，在正向加载和负向加载过程中，受拉区混凝土裂缝急剧拓展，距基础梁150~300mm 区域的裂缝发展较快，裂缝最宽达到 5.9mm，与主裂缝相交的不规则裂缝继续延伸。柱体与基础梁节点处裂缝继续加宽，形成塑性铰。受压区混凝土受压开裂，能听到开裂的声音，竖向裂缝与不规则裂缝交汇在一起。在平行于加载方向的侧面，部分混凝土被压碎，斜裂缝宽度达到 11mm，延伸而形成的水平裂缝开裂较为明显，宽度为 0.39mm。

第九循环，受拉区混凝土裂缝继续拓展，水平主裂缝和平行于加载方向的柱侧面贯通，形成贯穿裂缝，柱底部混凝土在循环荷载的作用下呈碎块状分布，但因为玄武岩纤维的存在，剥落现象不明显，位于距基础梁 100~200mm 区域内的混凝土保护层向外鼓出，在裂缝间隙可以看到弯曲的纵筋。柱侧面底部因受剪形成的受压小短柱部分被压碎脱落，斜裂缝周围混凝土呈片状剥落。此时承载力已经下降至极限承载力的 85%，认为试件已破坏，试验结束，极限位移为 40.16mm。试件的破坏状态如图 12.4（a）所示。

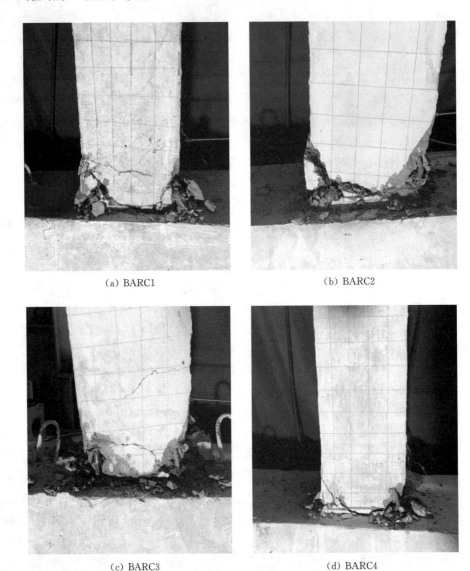

　　（a）BARC1　　　　　　　　　　　　　　　　（b）BARC2

　　（c）BARC3　　　　　　　　　　　　　　　　（d）BARC4

图 12.4　试件最终破坏形态

12.2.1.2　试件 BARC2

　　第一、二循环，试件基本处于弹性工作状态，未观测到裂缝产生，几乎没有残余变形。

　　第三循环，当正向加载至 23.5kN 时，柱底部受拉区出现第一条水平裂缝，长度为 43mm，最宽处宽度为 0.31mm，分布在距基础梁上部 40～50mm 区域内，开裂位移角为 1/460。继续加载至 28kN 时，出现第二条水平裂缝，距基础梁底部 160mm，裂缝长度为 23mm，宽度为 0.29mm。当负向加载至 25kN 时，柱底部受拉区出现一条水平裂缝，距基础梁上表面 180mm，长度为 97mm，宽度为 0.35mm。受压侧裂缝基本闭合。

第四循环，当正向加载至 33kN 时，在第二条裂缝的右边出现一条水平裂缝，长度为 59mm，宽度为 0.32mm，同时第二水平裂缝向右延伸，第一条水平裂缝宽度增至 0.53mm。负向加载至 31kN 时，距基础梁约 40mm 位置处形成一条新裂缝，裂缝长度为 54mm，宽度为 0.71mm，同时第一条水平裂缝加宽并向柱身中部横向延伸。在平行于加载方向的柱身侧面，柱底两侧均出现细小的斜裂缝，长度分别为 35mm 和 27mm，宽度分别为 0.11mm 和 0.15mm。柱身和基础梁连接节点处无明显破坏。

第五循环，当正向加载至 41kN 时，柱底部受拉区形成一条新裂缝，距基础梁上部 50mm，长度为 80mm，宽度最宽为 1.12mm。第一条水平裂缝横向延伸并加宽，在该裂缝下部区域，出现许多不规则裂缝。继续加载，位于距基础梁上表面 160mm 处的两条裂缝合并成为一条裂缝。受压区混凝土因受压开裂，出现竖向锯齿形裂缝。当负向加载至 42.1kN 时，柱底部受拉区距基础梁上表面 55mm 处形成一条水平裂缝，长度为 98mm，宽度为 0.85mm，其余裂缝因荷载的增加继续稳定发展，柱身和基础梁节点连接处开裂。在平行于加载方向的侧面，斜裂缝向柱体中部发展，在距基础梁 30mm 的位置处出现一条水平裂缝，长度为 110mm，宽度为 0.25mm。

第六循环，进入位移控制加载，正向加载至 71.2kN 时，纵筋受拉屈服，形成的新裂缝不多，柱底部受拉区裂缝继续稳定发展，分布在距基础梁上表面 40～50mm 的水平裂缝贯通，形成主裂缝，在主裂缝周围有许多细小的裂缝与之交汇，受压区混凝土有受压向外鼓出的迹象。负向加载过程中，试验现象与正向加载相似，在距基础梁上表面 30mm 处因受压出现一条较为明显的竖向裂缝，长度为 78mm，宽度为 1.2mm。柱身侧面的斜裂缝发展较为缓慢。

第七循环，双向加载过程中，新裂缝形成的速度下降，原有裂缝继续稳定拓展。正向加载时，位于受拉区的水平主裂缝继续加宽，贯通整个截面，在主裂缝上部有一条与之相交的不规则裂缝，其间的混凝土呈块状分布，在主裂缝的末端有向下的斜裂缝，此时主裂缝宽度为 1.62mm。负向加载时，柱底最下部的水平裂缝开裂幅度较大，该裂缝与基础梁上表面之间的混凝土保护层明显开裂，但并未脱落。

第八循环，在加载过程中可以听到受压区混凝土被压碎的声音，裂缝加宽速度降低，与水平主裂缝相交的不规则裂缝继续开裂，主裂缝宽度达到 5.4mm，柱身与基础梁连接节点处开裂，形成塑性铰，受压区混凝土竖向裂缝继续增多，部分混凝土被压碎。平行于加载方向的侧面，在距基础梁约 25mm 处，先前斜裂缝两侧的混凝土被压碎，向柱中部延伸出一条水平裂缝，长度为 47mm，宽度为 0.88mm。

第九循环，正向加载时，柱底部受拉区的水平主裂缝与柱身侧面贯通，其余裂缝向柱身中部继续延伸，受压区混凝土向外明显鼓出，部分混凝土被压碎呈碎片状脱落。负向加载时，位于底部的水平主裂缝与柱身侧面部分贯通，被压碎的混凝土脱落现象不明显。在平行于加载方向的柱身侧面，斜裂缝宽度继续增大，延伸至水平贯通裂缝并与之交汇，在裂缝间隙处可以看到弯曲的钢筋。此时承载力已经下降至极限承载力的 85%，认为试件破坏，试验结束，极限位移为 44.6mm。试件的破坏状态如图 12.4（b）所示。

12.2.1.3　试件 BARC3

第一、二循环，试件基本处于弹性工作状态，未发现裂缝产生，几乎没有残余变形。

第三循环，当正向加载至 25.1kN 时，柱底部受拉区出现第一条水平裂缝，长度为 83mm，宽度为 0.29mm，距基础梁上表面约 45mm，开裂位移角为 1/468。继续加载至 28.9kN 时，在距基础梁上表面 160mm 处出现一条水平裂缝，长度为 47mm，宽度为 0.21mm。当负向加载至 24.7kN 时，距基础梁上部 75mm 处出现第一条水平裂缝，长度为 82mm，裂缝最宽处为 0.31mm。

第四循环，当正向加载至 33kN 时，上述距基础梁 45mm 处的第一条裂缝向右延伸，长度为 134mm，最宽处为 0.39mm；第二条裂缝扩展不明显。负向加载至 31.8kN 时，距基础梁上部 50mm 处出现一条水平裂缝，长度为 94mm，裂缝最宽处为 0.22mm，同时第一条裂缝向柱身中部延伸。荷载为 34kN 时，距基础梁上部 180mm 处出现一条水平裂缝，长度为 73mm，宽度为 0.21mm。平行于加载方向的柱身侧面，在底部出现斜向上的裂缝。柱身和基础梁连接节点处未发现开裂现象。

第五循环，当正向加载至 48kN 时，在上述第一条水平裂缝的下部形成一条新裂缝，长度为 83mm，宽度为 0.91mm，与第一条裂缝相交汇。同时其余裂缝横向拓展并加宽，受压区混凝土受压开裂，形成竖向裂缝，分布在距基础梁约 50～100mm 的区域内。负向加载时，受拉区混凝土无明显裂缝形成，先前形成的裂缝稳定发展，柱身与基础梁连接处轻微开裂。与加载方向平行的两个侧面出现水平裂缝，高度为 75mm，长度为 68mm，最宽处为 0.34mm。

第六循环，进入位移控制加载，当正向加载至 74.3kN 时，纵筋屈服，柱底部受拉区混凝土裂缝继续稳定发展；加载至 55.4kN 时，在第一条水平裂缝的上部出现一条较宽的裂缝，与第一条裂缝相交，最宽处为 1.4mm，长度为 93mm。随着荷载的增大，该裂缝宽度和长度都在增加，发展成为主裂缝，在主裂缝两边，有很多不规则的裂缝与之交汇，受压区混凝土向外鼓出，竖向裂缝开始不规则发展。负向加载时，原有裂缝发展较为缓慢，柱身与基础梁节点连接处开裂，形成塑性铰。与加载方向平行的两个侧面斜裂缝继续开展，在距基础梁 60mm 和 190mm 处出现两条水平裂缝，延伸一段距离后斜向柱身中部发展。

第七循环，在循环加载过程中，新裂缝出现的速度下降，原有裂缝继续发展，柱身底部混凝土因反复荷载出现多处竖向裂缝，在主裂缝左侧下部出现一条较为明显的竖向裂缝，另有一条斜裂缝与主裂缝相交。主裂缝周围出现许多细微的水平裂缝，负向加载方向的水平裂缝扩宽速度降低。在平行于加载方向的两个侧面，斜裂缝开始横向发展，与水平裂缝相交，在该斜裂缝的周围，混凝土竖向开裂，形成数个混凝土小短柱。混凝土保护层未明显剥落。

第八循环，在加载过程中可以听到混凝土开裂、压碎的声音。主裂缝扩宽速度下降，与主裂缝相交的不规则裂缝继续发展；主裂缝宽度达到 5.31mm，向平行于加载方向的两个侧面延伸。受压区混凝土被压碎，塑性铰区域部分保护层混凝土片状脱落，不规则裂缝增多。在平行于加载方向的两个侧面，水平裂缝宽度增加，斜裂缝周围的竖向裂缝向上延伸，更多的竖向裂缝形成。

第九循环,随着位移的增加,承载力逐渐下降。正向加载时,柱底部受拉区水平主裂缝延伸至柱侧面,受压区混凝土被压碎,由于玄武岩纤维的存在,并没有大范围剥落。负向加载时,柱身与基础梁的塑性铰区域破坏严重,可见到弯曲的纵筋。在平行于加载方向的两个侧面,斜裂缝周围形成明显的混凝土受压短柱,水平裂缝较宽,整体呈齿状。此时承载力已下降至极限承载力的85%,试验结束,极限位移为50.6mm。试件的破坏状态如图12.4(c)所示。

12.2.1.4 试件BARC4

第一、二循环,试件基本处于弹性工作状态,未发现裂缝产生,基本无残余变形。

第三循环,当正向加载至24.8kN时,柱底部受拉区出现第一条水平裂缝,距基础梁上部120mm,长度为52mm,宽度为0.32mm,开裂位移角为1/463。负向加载至25.2kN时,距基础梁上部150mm处出现一条水平裂缝,长度为46mm,宽度为0.27mm。负向加载时,受压侧裂缝基本闭合。

第四循环,当正向加载至34.7kN时,在第一条裂缝的左边形成第二条水平裂缝,距基础梁上部130mm,长度为36mm,宽度为0.36mm;同时第一条水平裂缝向柱中部延伸,宽度加宽至0.44mm。负向加载至34kN时,距基础梁上部160mm处出现一条水平裂缝,裂缝长度为37mm,宽度为0.28mm,之前形成的裂缝无明显变化。在平行于加载方向的两个侧面,柱底部出现斜裂缝,在距底梁上部130mm处形成细微的水平裂缝,与加载方向大致平行。

第五循环,当正向加载至48kN时,柱底部受拉区形成一条新裂缝,距基础梁上部70mm,长度为76mm,宽度为0.41mm。第一条水平裂缝横向向左延伸并加宽,同时第二条水平裂缝向右延伸。受压区位于柱身和基础梁节点处的混凝土因受压而开裂。当负向加载至43.3kN时,位于距基础梁上部150~160mm区域内的两条裂缝延伸合并为一条裂缝,长度为177mm,宽度为0.56mm。柱身与基础梁节点处出现竖向裂缝。在平行于加载方向的侧面,斜裂缝向柱身中部延伸,长度为70.4mm,在斜裂缝周围出现较多呈树杈状延伸的裂缝。

第六循环,进入位移控制加载,正向加载至73.5kN时,纵筋屈服,柱底部受拉区混凝土裂缝继续拓展、延伸,在距基础梁上部120~140mm的区域内逐渐形成主裂缝,在主裂缝周围出现许多不规则小裂缝;柱和基础梁节点连接处混凝土开裂明显,混凝土保护层向外鼓出。负向加载过程中,原有裂缝在荷载的作用下稳定发展,柱与基础梁节点处开裂,开裂处上方混凝土受压开裂呈梳形,位于距基础梁上部150~160mm处的水平裂缝显著加宽。平行于加载方向的两个侧面,斜裂缝和水平裂缝发展较缓慢。

第七循环,加载过程中,可以听到混凝土受压开裂的声音。正向加载时,新裂缝出现的速度下降,水平主裂缝继续加宽,宽度为1.85mm,并向平行于加载方向的两个侧面延伸,受压侧位于柱与基础梁节点连接处的混凝土被压碎,有轻微脱落现象。负向加载时,柱与基础梁节点连接处形成塑性铰,被压碎的混凝土无成块脱落现象。平行于加载方向的两个侧面,斜裂缝加宽,大致呈45°斜向柱中部延伸,裂缝末端向水平方向发展,逐渐与其上部的水平裂缝相交。

第八循环,正向加载时,水平主裂缝拓展、扩宽速度降低,主裂缝宽度达到6.1mm,

此时新的裂缝出现较少。柱和基础梁节点连接处开裂，受压区混凝土竖向裂缝加宽，被压碎的混凝土脱落现象不明显。负向加载时，在裂缝间隙可以看到弯曲的纵筋，由于玄武岩纤维的存在，在水平裂缝周围出现许多细密的裂缝，水平分布。在平行于加载方向的两个侧面，斜裂缝周围混凝土被压碎，部分由竖向裂缝发展成的斜裂缝呈上宽下细的形态。

第九循环，正向加载时，柱底部受拉区水平主裂缝与两个侧面的水平裂缝贯通，受压区混凝土仅有部分脱落，此时承载力迅速下降，当水平位移达到 46.18mm 时，承载力下降至极限承载力的 85％，认为试件已经破坏，试验结束。试件的破坏状态如图 12.4（d）所示。

总体上看，在试验过程中玄武岩纤维风积沙混凝土柱试件和对应的风积沙取代率相同的普通风积沙混凝土柱试件相比，同等荷载和位移条件下损伤程度更小，试验后期混凝土剥落现象更少。

12.2.2　滞回曲线与骨架曲线

各试件滞回曲线如图 12.5 所示。为方便对比研究，引入本课题组前期已完成的 4 根普通风积沙混凝土柱试件（第 3、7 章所述的试件 ARC1、ARC2、ARC3、ARC4）的滞回曲线。从图中可以看出，各试件在加载初期，滞回曲线近似线性变化，试件处于弹性工作状态，加载和卸载均通过原点，几乎没有残余变形，试件维持初始刚度基本不变。随着荷载的增加，滞回曲线的斜率逐渐降低，卸载时曲线不再通过原点，试件开始产生塑性变形，残余应变逐渐增大。在加载后期，滞回曲线越发饱满，滞回环面积增大，说明试件累积吸能耗能量在增加。随着试件损伤的累积，钢筋产生滑移，滞回曲线均出现了不同程度的捏缩现象，同时残余变形迅速增大。通过对比玄武岩纤维风积沙混凝土柱试件和普通风积沙混凝土柱试件可知，在相同的风积沙取代率下，掺入玄武岩纤维的试件较未掺纤维的试件滞回环更为饱满，残余变形更小，具有更高的承载力和耗能能力，这表明玄武岩纤维的掺入可以有效提高试件的抗震性能。究其原因，主要是因为呈网状乱向分布的玄武岩纤维在试件受荷时能在三维方向抑制裂缝的开展，增强混凝土内部的黏结力，有效地将荷载传递给内部其他水泥石基体，同时吸收耗散一部分能量，使得应力分布更加均匀；此外玄武岩纤维还可以约束基体的变形，阻碍裂缝区的形成，提高了混凝土的整体性[7-11]。其中，当风积沙取代率在 30％时，玄武岩纤维的提升效果最为明显。

骨架曲线反映了试件在各阶段受力与变形的特性，各试件骨架曲线如图 12.6 所示。为方便对比研究，引入本课题组前期已完成的 4 根普通风积沙混凝土柱试件（第 3、7 章所述的试件 ARC1、ARC2、ARC3、ARC4）的骨架曲线。从图中可以看出，骨架曲线主要分为 4 个阶段，即弹性阶段、屈服阶段、强化阶段和下降阶段。在加载初期，试件初始刚度不变，基本处于弹性工作状态。随着荷载的增加，纵筋屈服，试件产生塑性变形，骨架曲线斜率降低。荷载达到峰值后，试件承载力开始下降。通过对比玄武岩纤维风积沙混凝土柱试件和普通风积沙混凝土柱试件可知，在弹性阶段，骨架曲线较为相似；进入屈服阶段后，掺入玄武岩纤维试件的承载力和变形能力均明显更好；在下降阶段，玄武岩纤维试件的下降趋势更为缓和，这说明玄武岩纤维的掺入有利于改善试件的脆性，减缓承载力下降的速度。随着风积沙取代率的增加，试件的峰值荷载和位移也在逐步提高，当取代率为 30％时，提升效果最为明显；取代率为 40％的试件较 30％的试件反而略有下降。

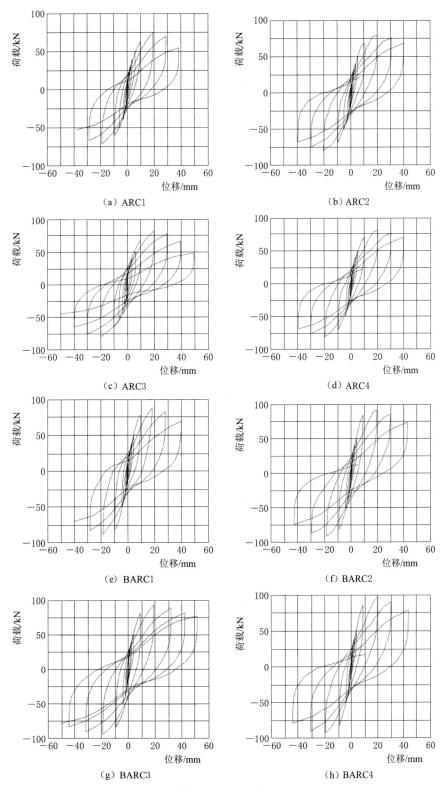

图 12.5　各试件的滞回曲线

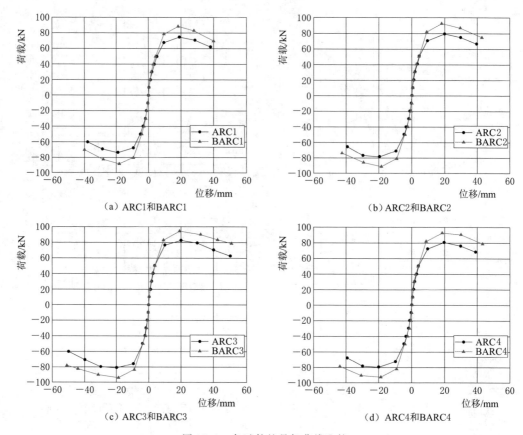

图 12.6　各试件的骨架曲线比较

12.2.3　特征值

表 12.5 为各试件荷载、位移的特征值，表中数据为双向加载结果的平均值。为方便对比研究，表中引入本课题组前期已完成的 4 根普通风积沙混凝土柱试件（第 3、7 章所述的试件 ARC1、ARC2、ARC3、ARC4）的特征值。其中，F_{cr} 和 Δ_{cr} 为试件出现第一条裂缝时的荷载和位移；F_y 和 Δ_y 分别为试件屈服时的荷载和位移[12]；F_{max} 为试件的峰值荷载，Δ_{max} 为对应于峰值荷载点的位移；F_u 取荷载下降至峰值荷载的 85% 时对应的值，Δ_u 为对应的极限位移；μ 为位移延性系数，由 Δ_u 与 Δ_y 的比值计算所得。

表 12.5　　　　　　　　　　　　试 件 的 特 征 值

试件编号	开裂点		屈服点		极限点		破坏点		μ
	F_{cr}/kN	Δ_{cr}/mm	F_y/kN	Δ_y/mm	F_{max}/kN	Δ_{max}/mm	F_u/kN	Δ_u/mm	
ARC1	21.6	1.51	63.8	9.25	75.8	19.12	63.6	36.73	3.97
ARC2	23.2	1.64	67.6	9.43	79.8	19.71	68.2	39.10	4.14
ARC3	24.7	1.58	69.4	9.64	82.3	19.94	69.9	42.80	4.44
ARC4	23.9	1.59	68.9	9.49	80.7	19.84	68.5	39.55	4.17

试件编号	开裂点		屈服点		极限点		破坏点		μ
	F_{cr}/kN	Δ_{cr}/mm	F_y/kN	Δ_y/mm	F_{max}/kN	Δ_{max}/mm	F_u/kN	Δ_u/mm	
BARC1	21.8	1.5	67.4	9.42	86.46	23.35	69.98	40.16	4.26
BARC2	23.5	1.63	71.2	9.84	91.95	24.91	74.23	44.6	4.53
BARC3	25.1	1.6	74.3	10.15	96.36	25.66	78.3	50.6	4.99
BARC4	24.8	1.62	73.5	9.98	93.16	23.59	79.03	46.18	4.62

根据表 12.5 中的数据可知，在相同风积沙取代率下，玄武岩纤维风积沙混凝土柱试件 BARC1、BARC2、BARC3、BARC4 的极限承载力、极限位移和延性均高于对应的普通风积沙混凝土柱试件 ARC1、ARC2、ARC3、ARC4。风积沙取代率从 10%、20%、30% 增加至 40% 的过程中，玄武岩纤维试件的极限承载力比普通试件分别提高了 14.1%、15.2%、17.1% 和 15.4%，极限位移比普通试件分别提高了 9.3%、14.1%、18.2%、16.7%，延性系数比普通试件分别提高了 7.3%、9.4%、12.4% 和 10.7%。由此可知，玄武岩纤维的掺入可以显著提高试件的承载力和后期变形能力，当风积沙取代率在 30% 时，提升效果最为明显；而风积沙取代率增加至 40% 时，提升效果反而有所下降。

12.2.4 耗能能力

耗能能力是试件抗震性能的一项重要指标，通常以滞回曲线所包围的面积来衡量。如图 12.7 所示是各试件的累积耗能曲线[13]。为方便对比研究，引入本课题组前期已完成的 4 根普通风积沙混凝土柱试件（第 3、7 章所述的试件 ARC1、ARC2、ARC3、ARC4）的累积耗能曲线。从图中可知，在试验初期，玄武岩纤维风积沙混凝土柱试件和普通风积沙混凝土柱试件的能量耗散基本相同。但随着加载循环次数的增加，试件位移不断增大，玄武岩纤维风积沙混凝土柱试件的累积耗能值明显高于对应的普通风积沙混凝土柱试件。这表明，玄武岩纤维的掺入可以显著提高风积沙混凝土柱的抗震耗能能力。

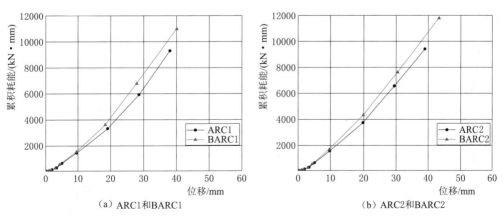

（a）ARC1和BARC1　　　　　（b）ARC2和BARC2

图 12.7（一）　试件的累积耗能曲线

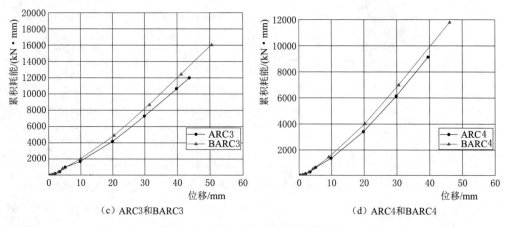

(c) ARC3和BARC3　　　　　　　　　　(d) ARC4和BARC4

图 12.7（二）　试件的累积耗能曲线

12.2.5　刚度退化曲线

刚度是结构或构件在受力时抵抗弹性变形的能力，可以在一定程度上反映试件的抗震性能。通过分析刚度退化曲线，可以得知试件抵抗变形能力的差异性，刚度可以用割线刚度[14,15]表示。各试件的刚度退化曲线如图 12.8 所示。为方便对比研究，引入本课题组前期已完成的 4 根普通风积沙混凝土柱试件（第 3、7 章所述的试件 ARC1、ARC2、ARC3、ARC4）的刚度退化曲线。图中横坐标表示位移角，即柱顶位移与柱有效高度的比值，纵坐标表示等效割线刚度退化系数（每个循环的峰值荷载点的割线刚度与开裂点的割线刚度

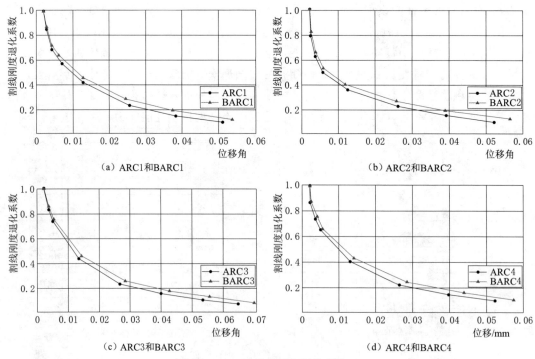

(a) ARC1和BARC1　　　　　　　　　　(b) ARC2和BARC2

(c) ARC3和BARC3　　　　　　　　　　(d) ARC4和BARC4

图 12.8　试件的刚度退化曲线

之比）。从图中可以看出，随着位移的增加，所有试件的刚度都在降低，但在相同风积沙取代率下，玄武岩纤维风积沙混凝土柱试件比对应的普通风积沙混凝土柱试件的刚度退化速率更慢。这表明玄武岩纤维的掺入可以使试件在加载后期有更多的刚度储备，减缓试件刚度退化的进程。

12.3 本章小结

本章将玄武岩纤维和风积沙混凝土两种材料复合化应用，提出玄武岩纤维风积沙混凝土柱，设计、制作了 4 根柱试件，通过低周反复荷载试验研究了试件的地震损伤性能。主要结论如下：

（1）在试验过程中，玄武岩纤维风积沙混凝土柱试件和对应的风积沙取代率相同的普通风积沙混凝土柱试件相比，同等荷载和位移条件下损伤程度更小，试验后期混凝土剥落现象更少。

（2）试验结果表明，玄武岩纤维的掺入可以明显改善风积沙混凝土柱试件的承载力、延性、滞回性能和抗震耗能能力，并在加载后期有效延缓试件的刚度退化速度。当风积沙取代率为 30% 时，玄武岩纤维和风积沙混凝土两种材料的结合效果达到最佳。

<h1 style="text-align:center">参 考 文 献</h1>

［1］ 潘慧敏. 玄武岩纤维混凝土力学性能的试验研究 ［J］. 硅酸盐通报，2009（5）：99－102，116.

［2］ Tumadhir M，Borhan T M. Thermal and mechanical properties of basalt fibre reinforced concrete ［J］. World Acad. Sci. Eng. Technol. 2013，7（4）：712－715.

［3］ Ayub T，Shafiq N，Nuruddin M F. Effect of chopped basalt fibers on the mechanical properties and microstructure of high performance fiber reinforced concrete ［J］. Advances in Materials Science and Engineering，2014，12（2）：1－14.

［4］ 张建伟，李晨，冯曹杰，等. HRB600 级钢筋钢纤维高强混凝土柱抗震性能研究 ［J］. 建筑结构学报，2019（10）：113－121.

［5］ W. Q. Zhu，J. Q. Jia，J. C. Gao，et al. Experimental study on steel reinforced high strength concrete columns under cyclic lateral force and constant axial load ［J］. Engineering Structures，2016，125（4）：191－204.

［6］ S. S. Zhen，Q. Qin，Y. X. Zhang. et al. Research on seismic behavior and shear strength of SRHC frame columns ［J］. Earthquake Engineering and Engineering Vibration，2017，16（2）：349－369.

［7］ 李为民，许金余. 玄武岩纤维对混凝土的增强和增韧效应 ［J］. 硅酸盐学报，2008（4）：476－481，486.

［8］ 薛维培，刘晓媛，姚直书，等. 不同损伤源对玄武岩纤维增强混凝土孔隙结构变化特征的影响 ［J］. 复合材料学报，DOI：10.13801/j. cnki. fhclxb. 20200219. 001.

［9］ 王钧，马跃，张野，等. 短切玄武岩纤维混凝土力学性能试验与分析 ［J］. 工程力学，2014（S1）：99－102，114.

［10］ 王兴国，程飞，王一新，等. 纤维改性再生混凝土材料性能研究进展 ［J］. 玻璃钢/复合材料，2019（12）：106－113.

［11］ 许金余，白二雷. 纤维混凝土及其在防护工程中的应用 ［J］. 空军工程大学学报（自然科学版），

2019 (4)：1 - 11.

[12]　Mahin S A，Bertero V V. Problems in establishing and predicting ductility in aseismic design [C]. Proceedings of the International Symposium on Earthquake Structural Engineering，St. Louis，USA，1976：613 - 628.

[13]　建筑抗震试验规程：JGJT 101—2015 [S]. 北京：中国建筑工业出版社，2015.

[14]　Y. H. Wang，Z. Y. Gao，Q. Han，L. Feng，et al. Experimental study on the seismic behavior of a shear wall with concrete - filled steel tubular frames and a corrugated steel plate [J]. Structural Desigin of Tall And Special Buildings，2018，27 (15)：23 - 31.

[15]　Yaohong Wang，Qi Chu，Qing Han，Zeping Zhang & Xiaoyan Ma. Experimental study on the seismic damage behavior of aeolian sand concrete columns [J]. Journal of Asian Architecture and Building Engineering，2020，7 (4)：1 - 13.

作 者 简 介

王尧鸿，男，1981年出生，博士、副教授。2011年于北京工业大学获工学博士学位，2018年11月至2019年11月在日本京都大学防灾研究所做访问学者。现任教于内蒙古工业大学土木工程学院，主要从事风积沙混凝土结构地震损伤性能及设计方法的研究工作。主持国家自然科学基金项目1项、省部级科研项目2项；以第一作者或通讯作者发表论文20余篇，以第一发明人获得6项国家专利；主编出版专著2部。